U0340214

景观元素
设计理论与方法

JINGGUAN YUANSU
SHEJI LILUN YU FANGFA

孟彤 著

中国建筑工业出版社

图书在版编目(CIP)数据

景观元素设计理论与方法/孟彤著.—北京：
中国建筑工业出版社，2011.7
ISBN 978-7-112-13246-1

Ⅰ．①景… Ⅱ．①孟… Ⅲ．① 景观设计 Ⅳ.
①TU986.2

中国版本图书馆CIP数据核字（2011）第092436号

本书以景观元素为切入点，就景观设计的一些基本问题和方法进行探讨，涉及景观设计的概念及其学科属性、景观元素的概念、景观元素的层次、景观语言、景观元素和景观设计方法等内容。书中收录的图像资料不仅用于更直观清晰地说明文字的内容，对广大景观设计师也有一定的参考价值。本书适合环境艺术设计、景观设计、城市规划、城市设计等相关专业人员阅读、研究和参考。

摄　　影：孟　彤
责任编辑：曹　扬
装帧设计：付金红
责任校对：党　蕾　陈晶晶

景观元素设计理论与方法
孟　彤　著
*
中国建筑工业出版社出版、发行（北京西郊百万庄）
各地新华书店、建筑书店经销
北京方舟正佳图文设计有限公司制版
北京顺诚彩色印刷有限公司印刷
*
开本：787×1092毫米　1/16　印张：$11\frac{1}{4}$　字数：276千字
2012年7月第一版　2012年7月第一次印刷
定价：80.00元
ISBN 978-7-112-13246-1
　　　(20673)

序 一 | Foreword I

中央美术学院建筑学院教授、博士生导师：张绮曼

"大国崛起"是近来国人热衷的话题。大国崛起的标志不只是强大的经济实力或军事实力，更应该是价值观的输出能力，因为，只有自成体系的、具有较高普世价值的价值观才能代表一个文明的发达与成熟，才能对人类整体文明的演进有所贡献。从这个标准来看，中华文明的再度崛起还有很长的路要走。一百多年来，中国一直是西方现代文明或主动或被动的接受者，长期对别人文明成果的仰慕、享用甚至不加辨别的全盘接受使中国人普遍丧失了过去"中央帝国"曾经拥有的自信。究其根源，怀疑精神的缺失当是一个不应视而不见的症结。

《圣经》里记载，多马不相信耶稣基督的复活，耶稣就对他说："伸出你的手来，探入我的肋旁。不要疑惑，总要信。"多马用手指探入耶稣身上的钉痕，相信了。于是，耶稣又说："你因看见了我才信。那没有看见就信的，有福了。"在这样一种反对怀疑、反对实证的宗教氛围中，却产生了笛卡尔及其叛逆的怀疑论，无所不在的怀疑精神使西方科学突飞猛进，使西方文明迅速崛起并在几乎所有领域获得了主导性话语权。诞生于西方的景观设计学之所以成为一门显学并不断取得进展，与这种怀疑精神同样不无关系。

正如本书所提到的，对于人们热衷于鼓吹的"文脉"和"场所精神"，西方学者也并未因其政治上或学理上的"正确"而停止怀疑。这些多疑的"多马"既包括雷姆·库尔哈斯、扎哈·哈迪德等建筑师，也包括马克·特里布等景观设计师。人们怀疑的范围也绝不限于尚未得到定论的新问题，而是涵盖了包括基本概念在内的几乎一切"基本问题"。学者们感兴趣的也不仅仅是深奥的学问，更多的时候，他们寻求的不过是普通知识。这些普通知识并未因其普通而受到轻视，因为，严肃的学者对此会有清醒的认识："普通知识就是不普通的知识……普通知识只是对某个阶层而言才称得上是普通。"[1]缺少怀疑精神，就无从接近真理而只能盲从；不掌握普通知识，就不可能成为拥有这类知识的"某个阶层"，也就不可能与国际同行站在同一个平台上展开平等的对话，而只能眼巴巴站在台下，仰视别人交谈得热火朝天的场面。遗憾的

是，中国目前的景观设计从整体上看还没有取得在国际上的话语权，依然停留在跟在别人后面人云亦云的阶段，怀疑精神和普通知识的缺乏恐怕就是很重要的原因。

　　中国有极其优秀的园林传统，就文化造诣与艺术品位所达到的高度而言，世界上的其他文明基本上是难以望其项背的。然而，近代以来，中华文明遭遇了几近毁灭性的冲击，这跌落的落差恐怕也是外人无法想象的。一方面，与西方强势文明的遭遇使我们延续了几千年的本土话语失落了，另一方面，向西方话语转向的过程也从未真正完成，结果，中国的景观设计师和其他领域的知识人一样集体失语。国际设计舞台上发自中国人的声音是那么微弱，我们不但少有自己的见解，而且时常听不懂别人的交谈，更别提输出价值观，我们甚至已经不会使用自己的专业语言说话了。

　　对外来文化不加辨析地、条件反射般地抵制是无益的，要克服失语症，理性的态度只能是重新开始学习说话。只有一个词一个词、一句话一句话地学习，直到掌握完整的设计语言，才能真正听懂别人的言谈并加入交流，才能在交流中学习并创造。直到有一天，我们独一无二的创造达到了足够的数量与质量，中国的设计师才可能获得文化身份，才能够用自己的母语说话，才能够真正获得话语权，才能用中国的设计"为中国而设计"。

　　这次，我很高兴为年轻学者孟彤的新书写序并且推荐这本新书给大家。

　　孟彤四年前以具有创见的学术论文获得博士学位以来，在中国现阶段喧嚣浮躁的世风中潜心研究、心无旁骛。不断提出的研究成果都以锐利的目光和深刻的理论分析能力对中国城市建设和环境艺术设计专业的"基本问题"进行了极富创见的理论剖析和建构。目前，像本书这样在景观元素这类"小"问题上如此深入地展开研究的著作实不多见。本书作者一再强调"基本问题"，并对一些问题的现有答案提出质疑，内容涉及景观设计、景观元素的概念、景观设计方法等，这些内容最终无不归结到与设计语言相关的问题上。建立中国自己的景观设计话语体系必将是个漫长而艰难的过程，它需要很多人的长期坚持。相信本书是一个好的开始。

张绮曼

2011.5.20于北京

参考文献

[1]　[英] E H 贡布里希.理想与偶像 [M].范景中，曹意强，周书田译.上海：
　　　上海人民美术出版社，1989.2.

序 二 ｜ Foreword II

北京大学建筑与景观设计学院教授、博士生导师：俞孔坚

虽然可以把大禹治水看做已知的中华大地上最早的景观规划活动，或者按照《世本》中"鲧作城郭"的记载可以推测我国的景观设计活动一定发生于更早的时候，但是，景观设计作为一个专业在我国确立的时间还不算很长。

假如以1949年为起点回顾我国相关专业演变历程的话，就可以发现，在短短的60余年中，专业名称的变化以及学科建制的调整是相当频繁的。1951年8月北京农业大学园艺与清华大学建筑系合办造园组，1956年8月造园专业被高等教育部更名为城市及居民区绿化专业并继而更名为园林（城市园林、园林绿化）专业，1985年分设为园林、观赏园艺、风景园林3个专业，1994年，风景园林从工科土建类调整至农学环境保护类，1999年，园林、观赏园艺、风景园林3个专业又合并成为园林专业，2003年国家增设景观建筑设计专业，2006年恢复风景园林并增设景观学专业。[1]这是工学与农学院校的大致情形。

1998年北京大学景观规划设计中心成立并于2003年更名为北京大学景观设计学研究院，2010年10月，该研究院与北京大学建筑学研究中心组建为北京大学建筑与景观设计学院。北京大学的景观设计学专业招收硕博士研究生并颁发理学学位。这个历程反映了把景观设计学与地理学等理学学科相关联的思路。

艺术类院校中，现清华大学美术学院的前身中央工艺美术学院在1988年将室内设计系更名为环境艺术设计系，下设室内设计和景观设计专业方向，开艺术院校景观设计专业教育的先河。随着环境艺术设计专业在全国各类高校遍地开花，具有艺术学背景的景观设计师占有了相当大的比重。这是艺术院校的情况。

伴随景观设计及相关专业设置多元化的是关于学科定位的巨大争议，这一"乱局"未必是坏事，正如学术思想上的高度统一未必就是好事。"攻乎异端，斯害也已。"孔子这句话一般解释为批评不正确的言论就可以消除其危害。"攻"是批判，而不是取缔或消灭，真理正是在不断否定中现身的。也许争论的结果是没有结果，但几乎可以肯定的是，人们永远也不会达到思想上的高度统一。这样的结果不能否定

"攻乎异端"的意义，那就是意见的各方在互相批判的同时也在互相启发，有价值的思想才能随之迸发出来。

提到批判，人们大多会想到文革，想到政治斗争，想到各种主义。1980 年代中后期，后现代主义传入中国，这是最近的一次设计领域的主义之争。近些年在景观设计界发生的争执似乎认同了胡适在1918年提出的"多研究些问题，少谈些主义"的立场，大家没有过多纠缠于什么"主义"，而是在一些景观设计的基本问题上各执一词，这类问题甚至"基本"到学科的名称、定义和定位这样的层次。对于这场未见分晓的争论来说，这些基本问题具有不可低估的价值，因为，争论的各方都需要有一些界定清晰并能够共同使用的概念，对话的平台就建立在此类概念之上。

与莫衷一是的"混乱"相比，一些心照不宣的共识往往更加危险，因为，那些没有经过怀疑的观点会因此而无法获得纠错的机会。这种情况在我国景观设计学科目前所处的这个引进、消化、吸收的阶段尤其值得注意。

李零在《丧家狗——我读<论语>》中用吃饭与消化来解释《论语·为政》里的"学而不思则罔，思而不学则殆"，即，学像吃饭，思像消化，学习与思考缺一不可。吃饭是前提，消化是过程，吸收才是目的，只有经过这个完整的过程，食物才能为我所用，成为身体的组成部分，并为生命活动提供动力。目前，在西方文化主导的话语体系中，中国人处于普遍的失语状态，甚至连一些从别人那里借来的概念还没有真正搞明白，这时就亟须一个认真消化的过程，这过程中既应该有不同意见的碰撞，也应有对那些貌似不证自明的说法的重新审视。这需要理智与胆识，也需要开阔的学术视野。

孟彤在中央美术学院环境艺术设计专业获得博士学位，又在北京大学景观设计学研究院从事过景观设计学专业博士后研究，对于国内外景观设计学的了解是相当全面而深入的，跨学科的学术背景使他看问题时往往具有独特的角度，他提出的见解也往往是极富启发性的，这一点充分体现在其各种学术论著中，也在他为北京大学景观设计学专业研究生开设的课程中得到了学生们的广泛认同。

这部关于景观元素的著作从景观设计的一些基本问题切入，涉及景观设计的概念与学科定位、景观元素的概念与层次、景观语言、景观设计方法等内容，体现了作者学思兼顾的治学作风。作者以其独特的视角独立地观察和思考，旁征博引，有理有据，思路开阔，论证严谨，其观点或可商榷，却自有其价值。是为序。

2011.6.23于北京

参考文献

[1] 林广思，赵纪军.1949-2009风景园林60年大事记[J].风景园林，2009(4):14~18.

前言 | Preface

"所以牛顿在他不朽的自然哲学原理那一著作里所写的一切，人们全可以学习；虽然论述出这一切来，需要一个伟大的头脑。但人不能巧妙地学会做好诗，尽管对于诗艺有许多详尽的诗法著作和优秀的典范。"

康德的这段话强调了天分的重要性，按照他的说法，不是每个人都可以通过学习获得艺术创造力，而那些天赋异禀的人，又离不开必要的学习。这种想法也许有一定的道理，但是，并非每一个天才都能够对自己的天分有足够的自信与自知，教师也并不都是伯乐，于是，很多天才就丧失了崭露的机缘。

就景观设计的教和学来说，学生最怕听到"可意会不可言传"之类的话，因为这种说法用最简单的方式把一个本来很复杂的问题"解决"了：不是教师没水平，而是设计本来就不可教，或者学生没有天分，无法领悟设计的真谛。显然，这种说法不能让人满意，因为设计绝非仅仅依靠天赋就能学会的，它还需要足够的知识、正确的方法、敏锐的判断力和良好的艺术品位，而知识是可以学习的，方法是可以传授的，艺术修养是可以熏陶的，就连判断力和天赋的不足也是可以借助后天的训练弥补的。况且，除了极少数的天才和个别天资不足的人，一般人的天赋是很少有巨大差异的，所谓天赋差的人，其实更多的是在后天的成长和受教育过程中被扼杀或抑制了天性的人，通过适当的引导和激发，这些人仍然会找回久违的自信，焕发聪颖的领悟力和蓬勃的创造力。本书就是基于这种认识，以景观元素为切入点，试图就景观设计的一些基本问题和方法展开讨论。相信这个努力无助于增加谁的天赋，也未必能够提供多少有用的知识，但只要能引发些许争论和思考，就不能说是没有意义的。

本书讨论的主要是景观设计中一些为设计师日用而不知，或者日用而不思的"基本问题 (the basic concerns)"。这些问题看起来太简单了，它们的答案都有一些常见的默认值，这些默认值被认为是不证自明的，就这些问题发问往往会被认为不是故弄玄虚，就是低估了别人的智商。不过，就是在对基本问题的"不思"中，那些想当然的答案往往却是彻头彻尾的错误。这样的事情回想起来不能算少。要不是伽利略在比萨斜塔上同时扔下一轻一重两个铁球，谁会怀疑亚里士多德提出的物体下落速度与其重量成正比的论断呢？要不是有哥白尼那样的"亡命之徒"胆敢怀疑地心说，今天，有几个人会相信地球竟然会围着太阳打转呢？

在景观设计领域，同样存在一些广为流传的说法，它们几乎成了一些人的信仰，很少有人想到需要对它们加以怀疑，人们相信它们就像相信地心说。比如，关于景观设计是不是科学，在很多人看来简直不是个问题，人们会说："这还用问吗？景观设计需要地理学、生态学、水文学、植物学等科学知识，还需要艺术创造力，需要艺术品位、艺术灵感，景观设计不就是科学加艺术吗？"还有，景观设计师常提到"景观语言"，至于景观到底是不是语言，或者景观有没有语言，有几个人仔细追问过呢？景观设计在功能上出了问题，就有人说它中看不中用，景观形式就成了各类问题的替罪羊，好像地球的某些地方竟然还存在着一种功能完善却没有形式的景观，在他们看来，形式不但可有可无，而且简直就是罪魁祸首。景观元素是设计师经常挂在口头上的词汇，以《景观元素》或类似题目命名的书籍也不在少数，可是，目前书店里常见的是以"景观元素"名义进行分类的图像资料集，就这个概念做深入研究的文字却不算多，景观元素概念的来源、景观元素的本质、分类以及与之相联系的设计方法论都有待梳理。

可见，那些看似普通的问题并不普通，它们往往是一些大问题。所谓"大"，并不是说这些问题有多么宏大，而是因为对它们的回答会影响或决定一系列具体问题的答案，对这些问题的态度或取向会导致人们做出不同的决定，或采取不同的行动。归根到底，设计的品质并非取决于惊世骇俗的理念，也不是由细节的精致或到位与否决定的，它取决于对一些最基本问题的最基本态度和最基本判断。目前国内学术界关于"landscape architecture"概念中文翻译的争议就是一个绝好的例子。各种版本的翻译从字面上看有时候区别并不是很大，但是，它们却体现了各种学术立场之间的差异，这种差异不仅体现在学者们发表的文字上，也反映在设计师的实践中。在景观设计这个高度复杂的学科中，哪怕一个很小的设计项目，甚至一个景观元素的设计与选择，都要求设计师做出一系列相关的决策，取舍和决断往往直接取决于设计师在这些基本问题上的立场。这也是本书在一开始没有直接切入景观元素问题，而是用很大的篇幅讨论景观设计的概念及其学科定位的原因。

作者不敢企望像伽利略那样做出什么重大发现，也不是有意斗胆挑战某个权威的论断，而是相信每个人都有独立思考的权利，尽管这思考很可能充满谬误。梁实秋在《关于鲁迅》中提到，他生平最服膺伏尔泰的那句话："我不赞成你说的话，但我拼死命拥护你说你的话的自由。"在设计领域说三道四大致还不至于需要去拼死，并且，不同观点的自由表达对于专业的发展一定是有益的。这里之所以对某些人看来等而下之的基本问题大费口舌，是希望在怀疑和反思中会有意外的发现，这种发现也未必就是什么结论，因为，关于艺术与设计的很多问题本来就没有终极的、确定性的答案。例如，没有人能够说出一般性的景观应该是什么样子，景观只能以一个个具体的作品来体现。假如书中的文字能引发出几个新问题，或者为读者提供一两个批评的标靶，而不是重复别人的陈词滥调并以此浪费读者的时间，就算是达到写作的初衷了。

书中的图片不但能帮助理解文字内容，而且可以作为广大设计师的参考资料。本书作者拍摄与绘制的图片及个别来自网络的照片不再另行注明来源，来自他人的图像和文字资料均已标明出处并在此向作者表示感谢。

目 录 Contents

第一章 景观设计及其学科属性

JINGGUAN SHEJI JIQI XUEKE SHUXING

第一节　景观设计概念的产生及其多样化阐释

1858年，美国景观设计之父奥姆斯特德（Frederick Law Olmsted，1822—1903）和沃克斯（Calvert Vaux，1824—1895）在赢得纽约中央公园设计竞赛时，曾经非正式地把自己叫做景观设计师（landscape architect）。1863年，纽约中央公园委员会第一次正式地使用了这一名称，从此，景观设计师被作为一种新的职业。1828年，吉尔贝尔·莱恩·马松（Gilber Laing Mason）出版的《意大利杰出画家笔下的景观建筑》（On the Landscape Architecture of the Great Painters of Italy）一书中也出现了"landscape architecture"，但它主要讨论的是风景画，与今天所说的景观设计及其他相关学科无涉。还有人错误地认为，亨弗利·雷普顿（Humphry Repton，1752—1818）和路登（J. C. Loudon，1783—1843）在英国最早使用了"landscape architect"一词，他们认定，"landscape architect"概念诞生于英国。此二人确实也使用过"landscape architecture"，但是，其所指只是景观中的建筑物（buildings in the landscape），与今天人们所说的景观设计远不是一回事。实际上，这两个人自称是园艺师（landscape gardeners）。奥姆

斯特德之所以创造"landscape architect"这个新词，正是为了要把自己所从事的事业与传统的园艺师工作区别开来。相应地，"landscape architecture"概念的创造也是为了与"landscape gardening"相区别。❶ 国内有些人所说的"风景

图1-1：奥姆斯特德规划设计的纽约中央公园
图片来源：胡佳文

图1-2：纽约中央公园
图片来源：http://commondatastorage.googleapis.com/
static.panoramio.com/photos/original/5503670.jpg

❶Norman T. Newton. Design on the Land: The Development of Landscape Architecture [M]. Cambridge: The Belknap Press of Harvard University, 1971. Foreword.

图1-3：传统的园艺：凡尔赛的皇家菜园

园林"更准确地说应该与"landscape gardening"，而不是与"landscape architecture"对应。

景观设计学的定义有多种版本。不但国外一些比较权威版本的表述不尽相同，就是在国内，目前所见各种观点也存在着巨大的分歧。每一种观点的持有者都提出诸多论据以证明自己的正确性，并试图说服其他版本的支持者。事实上，景观设计学的概念是个历史性的概念，它随着时间的流逝和人们认识的改变而不断变化，有人甚至因此对定义景观设计学失去了信心，认为"关于景观设计的系统的分析和细致正确的定义是不大可能找到的"。❶ 各种观点的差异甚至冲突可能产生于学术立场、认识水平的不同，也可能是由于时空错位。

以美国为例，美国景观设计师协会（American Society of Landscape Architects，ASLA）对景观设计学的定义就几经修正。1899年，美国景观设计师协会成立。该协会对于景观设计学的定义随着学科的发展和人们认识的变化

有过几次明显的改变。从1909年到1920年的官方文件称景观设计学是一种为人们装饰土地和娱乐的艺术。20世纪50年代，协会将景观设计学定义为安排土地并以满足人们的使用和娱乐为目标的学科。1975年协会章程规定，"它是一门对土地进行设计、规划和管理的艺术，它合理地安排自然和人工因素，借助科学知识和文化素养，本着对自然资源保护和管理的原则，最终创造出对人有益、使人愉快的美好环境。"1983年的协会宪章则把景观设计学界定为一个通过艺术和科学手段来研究、规划、设计和管理自然与人工的专业。❷ 1999年美国景观设计师协会官方网站上曾经把景观设计学定义为："关于土地的分析、规划布局、设计、管理、保护和恢复的艺术和科学（The profession of landscape architecture is the art and science of analysis, planning, design, management, preservation and rehabilitation of the land）。"但该网站目前对景观设计学的解释却未提及其学科定位，并且，这个解释似乎很难说得上是一个严格的定义："景观设计学从事自然和建成环境的分析、规划、设计、管理和服务工作。"如果今天有人还在主张景观设计是一种装饰土地的艺术，他的认识就与一个一百多年前的美国人相当。这是时间上的错位。

在欧洲，不同的地区、不同的语系中，对于景观和景观设计学的理解也有很大不同，并且，即使在同一个语系中，与景观相关的词汇也是不断

❶ [斯洛文尼亚]
Davorin Gozvada.现代景观设计学的特点及其教育.裴丹译.俞孔坚，李迪华.景观设计：专业学科与教育.北京：中国建筑工业出版社，2003.153.

❷ 佩里·霍华德.以全球角度创造未来的景观设计学.城市环境设计.2007(1):64~65.其中，1975年协会章程规定的翻译引自：[美]诺曼K.布思（Norman K. Booth）.风景园林设计要素.曹礼昆，曹德鲲译.北京：中国林业出版社，1989.序.

图1-5：荷兰绘画大师伦勃朗的风景画
图片来源：Brigitte Hilmer, Rembrandt, Köln: Benedikt
Taschen Verlag GmbH, 1993, 90.

图1-4：荷兰的乡村景观

图1-6：荷兰的花田景观

图1-7：法国的城市景观

变化的。

景观（landscape）一词在欧洲有两个起源、两条演变线索。

其一是在日耳曼语系中，由德语的landschaft、荷兰语的landschap、英语的landskip，最终演变成英语的landscape。这个演变过程体现了其词义从真实的地域和自然景象到对景象的绘画表现的转移，这个传统更加注重景观的物质性特征及其客观规律，因而，常常用科学的立场对待景观，在德国还出现了landschafskunde（景观科学），景观科学实际上已经不再属于设计学科，而是从属于地理学了；

其二是在拉丁语系中，由词根paese演变出法语的pésage和paysage，以及意大利语的paesaggio、西班牙语的paisaje、葡萄牙语的paysagem等。与前者相反，这个演变反映了一个相反的过程，即从最早风景画的意思逐渐演变为对实际景观的侧重，这个系统更加注重社会、历史、文化、艺术等方面的问题，而不是

图1-8：西班牙艺术家高迪主持设计的居埃尔公园（Park Güell）

图1-9：西班牙的现代景观

把景观当作科学研究的对象。

　　这两个不同起源的体系在近20年有一种比较明显的互相融合的趋势，这说明，人们对景观和景观设计学的理解越来越全面和综合了。❶ 在日耳曼语的世界，有很多艺术水平很高的景观设计作品，同样地，在拉丁语系的国度里，与景观相关的科学知识也日益得到充分的重视。尽管如此，融合的趋势中，区别依然是显而易见的，这种区别保证了不同传统的延续以及人类景观文化的多元性、丰富性。

　　以法国为例，由于历史原因和文化个性方面的原因，法国人一向对英语不以为然。目前，许多中国学者一直在试图寻找或创造一个新的汉语字眼与英文landscape准确对应，可是法国人似乎从来没有想过这样做有什么必要，他们只是固守着自己的"paysage"，按照自己的传统对它进行阐释并付诸实践，体现了高度的文化自信、对自我文化身份的坚持、对全球化的警惕以及对文化多样性的珍视。可以想见，当一个法国人谈到paysage的时候，他所意指的对象与一个德国人所说的landschafskunde就会有更大的不同了，如果这两个人为景观的概念展开辩论，那一点也不值得大惊小怪。

　　再比如，英语和法语中对"环境"一词就理解不尽相同。法国景观设计师经常提到的一个法语词是"milieu"，中文一般译作"环境"或"周围环境"，国内也有学者主张译作"风土"以强调它的人文内涵，因为，在法语中，"milieu"不是外在于人的纯粹物质环境，它是人文的、包含人的因素的。但在英美学界，有人指出，"'景观'并不等同于'土地（land）'或者'环境'"，因为，在他们看来，土地、环境是与人文因素相对立、相剥离的，"环境"指的是外在于人的物质空间及空间中事物的总和，即自然环境，而景观则具有国家和文化等人文特征。❷ 又如D·W·梅尼格所说："环境使我们作为生物延续下来；景观作为文化展示给我们"，❸ 把景观仅仅看作景色、资源或生态系统都是对总体景观的缩减。

　　这是文化传统的不同和空间上的错

❶ 方晓灵.法国景观概况——景观概念及发展中的主要问题.城市环境设计，2008(2):12～14.

❷[美]詹姆士·科纳主编.论当代景观建筑学的复兴.吴琨，韩晓晔译.北京：中国建筑工业出版社，2007.vii～7.

❸[美]摩特洛克.景观设计理论与技法.李静宇，李硕，武秀伟译.大连：大连理工大学出版社，2007.4.

图1-10：中国的古典园林

图1-11：中国的古典园林

❶[德]马丁·海德格尔.艺术作品的本源.孙周兴选编.海德格尔选集.上海：三联书店,1996.294.

❷[瑞士]费尔迪南·德·索绪尔.普通语言学教程.高名凯译.北京：商务印书馆，1980.36.

位造成了共同语言的缺失，这导致人们对话时处于不同的平台上，误解与分歧自然就不可避免了。

此外，在外文资料的中文翻译过程中，也会造成意见的分歧。仅"landscape architecture"一词，国内就有景观设计学、风景园林、景园学、园景学、园林、景观建筑学、景观学、地景等多种

翻译方式。相应地，对这个概念的解释也是见仁见智，有人把美国景观设计师协会比较晚近的定义作为标准答案，有人又根据自己的理解加以重新诠释，有人从当代欧美学术界寻求理论依据以显示其立场的先进性和国际化，还有人深情回望古典园林以示坚守道统和传承……超时空的论战似乎有点"关公战秦琼"的阵势。

除了不同文化对景观的含义理解不同，语言也是造成分歧的一个重要原因。各种语言之间本来就不存在普遍的准确对应关系，上述英语和法语中"环境"一词的差异就是一个例子。但很多人对此没有充分的认识，他们往往是在努力用中文给landscape architecture这个英文设专业名称，而不是专业本身下定义。对事物的命名固然重要，《论语 子路》早就说过："必也正乎名"，"名不正则言不顺，言不顺则事不成"，意思是没有正确的命名就没有正确的言语和行为，哲学家海德格尔也认为，是语言首度命名存在者，命名"把存在者带向词语而显现出来。"❶ 但是，命名也往往设置了语言的陷阱，让人们纠缠于名称而忘记事物本身。瑞士语言学家费尔迪南·德·索绪尔（Ferdinand de Saussure，1857-1913）曾经针对这种错误指出，任何给词下定义而不是给事物下定义的做法都是徒劳的。❷ 所以，要搞清楚景观设计学的概念，首先就应该澄清它的设计对象、工作性质、学科属性与学科定位，也就是要从它本身来考察，而不是在不同的语言之间纠缠不清。

第二节　科学与艺术——一个广泛的共识

尽管存在对景观含义的争执，在景观设计学的学科属性问题上，人们却表现出了惊人的默契。因为景观设计需要运用很多科学知识，在获得数据、分析数据、确定问题、提出解决方案、检验方案可行性以及进行使用后评价的过程中都需要缜密的理性思维，并且，景观设计学教育中，课程设置涉及理学、工学、农学等多种学科门类，科学知识、工程技术类课程的比重相当大，所以，包括美国景观设计师协会在内的许多专业组织和很多学者在定义景观设计学的时候把它当作一门科学，或者至少是科学与艺术的统一。

在国内，这种立场大都表述得非常明确，有人似乎还经过某种量化的计算，给出了科学与艺术在景观设计中的比重："风景园林是科学与艺术结合

图1-12：一些以艺术的名义完成的景观设计其实不过是浅薄的"视觉娱乐"

的专业，……纵览当今国际风景园林专业，笔者认为科学技术占90%，艺术占10%。"似乎是意犹未尽，作者又补充道："所以回答科学与艺术之比，对于覆盖地球表层的区域性景观、耗费大量资源的大型工程，必须是九一之比甚至更大。"❶ 出于对艺术本质的错误认识或者说一种恶意的贬低，还有一种更极端的立场，即，设计根本就不是艺术，而是科学。这种立论的逻辑是，艺术不过是"视觉娱乐"，给"设计"附上"艺术"的前缀，从根本上为中国的设计发展打上了浅薄、功利、浮躁的烙印，只有把设计定位于科学，才能维护人类的核心价值。言外之意，艺术是与人类的核心价值相对立的。❷ 按照这个逻辑，景观设计自然也只能是科学，而非艺术。

类似地，在国外的文献中也很容易找到景观设计是art或science的说法。美国景观设计师协会官方网站1999年曾把景观设计学定义为一种艺术和科学，但是，目前该网站已经不再提及其学科定位，这个变化值得引起注意，对"艺术和科学"字眼的放弃如果不是出于疏忽，就是出于慎重。美国景观设计学领域著名的史学家，已故哈佛大学教授诺尔曼·牛顿（Norman T. Newton）认为，景观设计"是艺术（art）——或science，如果更愿意这么说的话——它对土地及土地上的空间和物体进行安

❶ 刘滨谊.风景园林学科专业哲学——风景园林师的五大专业观与专业素质培养.中国园林，2008(1)：12～15.这里的"风景园林"是国内部分学者对于landscape architecture的不同翻译，说的就是景观设计。

❷ 童慧明.要"设计"，弃"艺术设计".装饰，2009(12):36.

排，以便于人们安全、有效、健康、愉快地对之加以利用。"❶ 也有一些景观设计学的定义没有提到它是艺术还是科学，比如，加拿大景观设计师协会（Canadian Society of Landscape Architects, CSLA）的定义只是把景观设计学称作一个要运用有关知识的专业："景观设计学是一门关于土地利用和管理的专业，它涉及有关的分析、设计、规划、管理和恢复等。为了设计运转良好、有革新意义、恰当并且富于吸引力的环境，景观设计师需要融会贯通并能熟练运用生态学、社会文化、经济和艺术的有关知识。"这些定义应该说足够权威。不过，为了"科学"起见，从中文的"科学"与英文的"science"入手，对它们深究一下也许不是多余的。

第三节　科学、景观学、景观设计学关系辨析

美国景观设计师协会1999年的定义和牛顿教授定义中的"science"一般被翻译成"科学"，其实，如果翻开英语辞典，就会发现，这个词的意思不止一种，在不同的语境中选择哪一种解释还是值得斟酌的。根据1984年版《牛津现代高级英汉双解辞典》的解释，在英语中，"science"一词有三种主要意思，除了"科学"、"科学研究"之外，还指科学的某个分支，即"某门科学"，不加限定词单独使用时，特指理科；第三种意思则是指某种专门的技术或技巧。

首先，来看一下"science"的第一种意思——科学、科学研究。要澄清景观设计学是不是科学，首先应考察"科学"的定义，看一下景观设计学是否符合这个定义。

按照《牛津现代高级英汉双解辞典》，科学是指"有序组织起来的知识，特别是通过对事实的观察与检验得到的知识"，科学研究则是"对这类知识的追求"，这种解释与国内外一些权威辞书是一致的。德国1957年的《百科全书》认为，"科学是作为一个整体的知识的总和。"前苏联1958年出版的《大百科全书》定义的科学是"在社会实践基础上历史地形成的和不断发展着的关于自然、社会和思维及其发展规律的知识体系。"上海辞书出版社1989年出版的《辞海》中，科学是"关于自然、社会和思维的知识体系。""科学的任务是揭示事物发展的客观规律，探求客观真理，作为人们改造世界的指南。"1999年版《辞海》把科学解释为"运用范畴、定理、定律等思维形式反映现实世界各种现象的本质的规律的知识体系。"《科学技术论与方法论纲要》一书归纳的科学定义为："科学是具有广泛联系与影响的

❶原文为："It will be understood here to mean the art – or the science, if preferred – of arranging land, together with the spaces and objects upon it, for safe, efficient, healthful, pleasant human use." Norman T. Newton. Design on the Land: The Development of Landscape Architecture [M]. Cambridge: The Belknap Press of Harvard University, 1971. Foreword.

社会现象和特殊的社会活动方式，是正确反映自然、社会和人类精神现象的本质及规律的动态知识体系。"❶ 这些定义都是对科学的广义理解，它们包括两个要点：第一，科学是发展着的客观知识的体系；第二，科学是获得客观知识的活动。作为知识体系，科学追求"真"，科学的结论应该能接受重复检验；作为生产知识的活动，科学的主体是科学工作者组成的知识共同体，他们通过自觉地使用各种实验、测量、计算等手段，借助周密制定的程序与方法，在相应的认识论和方法论指导下获取知识。科学是科学活动、科学成果、科学作用的统一体。上述对科学的解释都把科学成果，即知识体系作为核心，科学活动和科学作用都围绕知识体系展开。其中，科学活动是生产知识的人类活动，科学作用则说的是科学知识体系在动态发展过程中对自然、人类社会和人类思维产生的影响。

看来，景观设计等于科学加艺术这个看似无须论证的等式在科学的定义面前是经不起推敲的。判断一个学科是否应归属于科学门下，不是看它是否用科学的方法，也不是看它是否应用科学知识，而是看它是不是旨在输出揭示事物发展客观规律的客观真理。显然，景观设计需要应用大量的自然和社会科学知识，也需要科学的方法，但它不生产科学知识，也不以探求客观真理作为根本目的，对于科学知识，它只是应用，其核心是"设计"——从事设计活动，输出设计作品。AI（人工智能）的

奠基者之一赫伯特·A·西蒙（Herbert Simon）比较了科学与设计的差异，"如果自然科学关心的是事物本然的样子"，那么，"设计关心的就是事物应该是什么样子"，也就是说，虽然设计要遵循客观规律，但主观因素的作用是非常重要的，甚至是决定性的。法国学者马克·第亚尼（Marco Diani）也明确指出，"设计应该被认为是一个技术的或艺术的活动，而不是一个科学的活动"。❷ 作为设计学科的一个分支，景观设计自然不能例外。景观设计师的工作与科学家的工作有很大不同，虽然景观设计师要应用地理学、生态学、植物学等自然学科的知识，但是，这些学科知识的生产却是那些地理学家、生态学家与植物学家的事。不排除某个景观设计师出于个人兴趣用科学的方法在某个

图1-13：自然科学关心的是事物本然的样子
图片来源：Glenn M. Edwards. Britannica of the Year. Encyclopedia Britannica, Inc. 1996.243.

❶陈士俊，王树恩，季子林编著.科学技术论与方法论纲要.天津：天津大学出版社，1994.2～6.

❷[法]马克•第亚尼编著.非物质社会——后工业世界的设计、文化与技术.成都：四川人民出版社，1998.4～6.

图1-14：设计关心的是事物应该是什么样子

自然科学领域中获得一定的发现，但在这种情况下，他实际上担任的是科学家的角色，获取新的科学知识不是景观设计师的本分。

这就好比一个人买菜时要用到最基本的数学知识，但没有人因此就声称买菜是数学，也没有人会相信所有买菜的或卖菜的人都因为会加减乘除运算就都成了数学家。只有当某个买菜的或卖菜的人解决了数学领域的某个难题，或至少他正在从事着数学研究工作，他才有资格称自己是数学家，但这与他是买菜的还是卖菜的绝无干系。类似地，假使某个景观设计师在地理学领域有了新的发现，他就当之无愧地成为地理学家，如果他在生态学领域有所建树，他就获得了生态学家的身份，这与他是不是景观设计师却没有什么关系。

有人可能要争辩说，除了进行景观设计活动，景观设计学也要输出自己的知识体系，景观设计学与科学没有什么不同。确实，科学可以把艺术作为研究对象，这类科学叫艺术科学（kunstwissenschaft，有人译为艺术学、美术学），它属于人文科学的一个分支，包括艺术史，还涉及人类学、考古学、民俗学、语言学等相关学科。同其他科学门类一样，艺术科学只寻求客观知识。艺术科学的研究与艺术活动性质不同，二者的成果也不同。艺术科学的研究活动输出关于艺术的知识，艺术活动的成果则是艺术作品。同样地，如果把景观和景观设计作为科学研究的对象而从事一种研究活动，那么，这种活动当然可以算作一种科学，一些学者提出的"景观学（Landscape Studies）"概念用在这里还是比较合适的。因此，有必要把作为艺术设计活动的、包括景观规划与设计（planning and design of landscapes）的学科"景观设计学（landscape architecture）"与作为科学学科的以研究为主要任务的"景观学

图1-15：景观设计的核心是"设计"——从事设计活动，输出设计作品

（Landscape Studies）"区别开来，否则的话，人们就可以说，音乐有自己的知识体系，包括乐理、音乐史等内容，所以，音乐是科学；美术也有自己的知识体系，包括色彩学、透视学、解剖学、视觉心理学等美术理论和美术史等内容，所以，美术也是科学。如此推论下去，景观设计也是科学，一切艺术都成

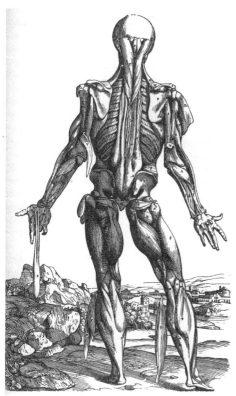

图1-16：绘画需要解剖学知识，但它不是科学
图片来源：［美］罗伯特·贝弗利·黑尔.向大师学绘画·素描基础.朱岩译.北京：中国青年出版社，1998.157.

了科学，而艺术则不复存在，艺术最主要的目的——创造"人化的自然"——也被忽略了。

景观设计除了需要科学知识，需要关注"真"，还涉及"善"和"美"

这些意识形态领域，在很大程度上，它是主观的，价值判断在景观设计中的作用是巨大的，而主观的价值判断往往是不能简单地通过对客观事实的观察就做出的。科学知识追求对客观真理的无限接近，一个科学问题的正确答案是唯一的，是要经得起重复检验的。而景观设计活动和设计作品具有无限的丰富性，是不能简单地用"对"或者"错"来评判的，并且，重复、复制、模仿往往被看作是缺乏创造性的表现。

还有，从思维方式来看，科学研究主要依赖范畴、定理、定律等抽象思维形式，作为一种创造性活动，景观设计却需要调动形象思维、直觉思维、非线性思维、逆向思维、模糊思维等复杂的思维活动。因此，从学科的主体、对象、目的、工作方式、思维方式、评判标准、检验手段和最终成果等方面看，景观设计学都不同于科学。

赫伯特·A·西蒙在1969年首次提出了"设计科学"概念，❶ 有人或许会据此认为景观设计当然也应该属于一种设计科学了。所以，需要指出，"设计科学"中所说的"设计"是一种广义的设计，凡是有目的地改造自然和人类自身的活动都被看作是设计，远的可以包括旧石器的制造，近的可以包括机床设计、计算机程序设计乃至生物基因改造等。如此说来，广义设计的历史就是人类的历史，它几乎无所不包，与景观设计所指涉的狭义设计是两回事。并且，设计科学的研究对象虽然包括设计的规律、任务、结构、程序、法规、历史、哲学、方法论等很多方面，

❶简召全主编.工业设计方法学.北京：北京理工大学出版社，1993.11~14.

但它却不从事设计实践，而只是把设计活动作为科学研究的对象。景观设计是"造境"的艺术，它是一种创造性实践，这与设计科学是不同的。

景观设计不是科学，这不等于说景观设计就应该不科学或可以不科学，作为形容词，"科学"或者"科学的（scientific）"是说某事物符合科学规律，但符合科学规律的东西未必就是科学。正如花是香的，而花却不等于香；

可以说蜂巢的结构很科学，却不能说蜂巢是科学。同样道理，景观设计应该是科学的，但它并不就是科学。

简言之，就"science"的第一种用法而言，科学是人们改造世界的指南，它也是景观设计的重要学科基础，科学知识、科学方法的重要性不论如何强调也不为过。把景观和景观设计作为研究对象的景观学是科学，但景观设计不是科学。

第四节　景观设计学的学科定位

其次，"science"还有第二种用法，它常用来指科学的某个分支。广义的科学包括自然科学、社会科学、人文科学、思维科学等多个分支。根据1984年版《牛津现代高级英汉双解辞典》，英语中，为了界定各分支，要在"science"前面加上限定词，如"natural science"就是自然科学。"science"单独使用而不加限定词的时候相当于汉语的"理科"或"理学"，正如"arts"对应于汉语的"文科"。理科是物理、化学、数学、生物学等与数理逻辑密切相关学科的统称，文科则是一个与理科相对的学科。

按照国务院1997年发布，2005年和2008年增补的《学科、专业目录及名称代码表》，所有的学科分为12个学科门类，分别下设若干一级学科，一级学科下又有若干二级学科。理学是12个

学科门类之一，它包括12个一级学科，即：数学、物理学、化学、天文学、地理学、大气科学、海洋科学、地球物理学、地质学、生物学、系统科学、科学技术史。

对于景观设计来说，理学门类下的这12个一级学科的知识很难说哪一个是没有用的，有些学科与景观设计的关系甚至还非常密切，比如地理学、生物学，但这些学科与景观设计有很大的不同，它们是一些名副其实的研究自然界客观规律的知识体系，可以为景观设计所用，却不等同于也不能包含景观设计。从事其中每个学科研究的人被叫做科学家，改造环境、创造设计产品的设计活动不属于他们的专业范畴。

以地理学为例，地理学知识是景观设计必备的基础知识，它"研究地球表层自然要素与人文要素相互作用及

其形成演化的特征、结构、格局、过程、地域分异与人地关系等。是一门复杂学科体系的总称。"这些研究无疑是进行景观设计的基础，特别是在景观规划中，同样要研究地理环境的构成、人类影响与土地利用的可能性，换句话说，景观设计和地理学都要关注人地关系，对人地系统进行空间分析（spatial analysis）、生态分析（ecological analysis）和地域综合体分析（regional complex analysis）。❶但是，在这些分析工作之外，景观设计师还要提出规划和设计方案，甚至要负责方案的施工、监理，以及景观的管理、保护和恢复，这些步骤是地理学家不能也不必完成的。

地理学中还有"景观科学（landscape science）"的概念，它们与景观设计也不是一回事。因为，同样是"景观"概念，在地理学与景观设计学中的理解是不同的。地理学中的景观（landscape）是一个科学术语，景观被作为科学研究的对象，它是指"反映统一的自然空间、社会经济空间组成要素总体特征的集合体和空间体系。包括自然景观、经济景观、文化景观。"❷在地理学领域，由俄国地理学家最早提出了"景观地理学"的概念，其主要研究对象包括生物和非生物现象。❸可见，地理学中的"景观"作为一般性的概念主要是指作为科学研究对象的自然综合体，此外，它还被用作区域概念和类型概念。而景观设计学中的"景观"从生存的意义上说是人与生物的栖居地，从生态学的意义上说是一个动态的生态系统，从人类文化的角度看是有含义的符号，从美学的意义上说，还是作为审美感知对象的风景，❹它远比前者丰富。并且，在西方景观（landscape）一词的最早源头——希伯来文《旧约全书》中，这个词用于描述圣城耶路撒冷的美丽景色，它主要是视觉美学的概念，即使在当代的英语中，这种视觉的含义仍然是其主要方面。其后缀"-scape"是对某一种特定类型的景色如画的描述，例如城市景观、水景观等。❺汉语中景观的"观"字也恰如其分地对应着这个英文后缀。景观科学"主要研究地理环境的结构、成分、动态与发展在各个地域上的表现，以及人类影响与经济利用的可能性。在评价土地类型及制定自然资源合理利用的措施等方面有很大的实践意义。"❻景观科学中有强调文化景观及自然景观两种学术取向，不论是坚持哪一种取向，地理学领域的景观都是被作为科学研究的对象，研究的目的就是确立和完善关于景观的知识体系，很少涉及审美、人的认同和人类丰富的文化符号系统，对于景观视觉美学方面的研究则与地

❶潘玉君.地理学基础.北京：科学出版社，2001.4,16.

❷全国科学技术名词审定委员会审定.地理学名词.2版.北京：科学出版社，2007.5.

❸俞孔坚.景观：文化、生态与感知.北京：科学出版社，2000.3～5.

❹俞孔坚，李迪华.《景观设计：专业学科与教育》导读.中国园林，2004(5):7～8.

❺"-scape: a combining form extracted from landscape, with the meaning "an extensive view, scenery," or "a picture or representation" of such a view, as specified by the initial element: cityscape; moonscape; seascape." Random House Webster's College Dictionary. New York: Random House. 1995.1198.

❻《地理学词典》编辑委员会.地理学词典.上海：上海辞书出版社,1983.713.

图1-17：耶稣进入耶路撒冷
图片来源：http://www.holytrinitybutte.org/images/entry.jpg

图1-18：自然界既有的形式不是设计

理学更加没有什么关系了。

地理学中的景观形态学（landscape morphology）虽然把形态作为研究的对象，但是，它的主要任务是确定自然界所存在的景观形态类型，阐明其典型特征以及各形态部分的相互作用和动力过程，❶ 这与景观设计对景观形式的探索和创造也是不同的，因为，设计不是为了获得知识，更不是要建立什么知识体系，而是一种以人为主体的、有目的地、人为地创造有意义的秩序的行为，自然界既有的形式不是设计。

在北京大学建筑与景观设计学院成立之前，景观设计学专业确实开设于地理学这个一级学科之下并颁发理学学位，这与学科建设和发展过程中的历史原因不无关系。类似的情况在国内外都屡见不鲜。我国的高校中，在艺术院校的艺术学专业下、农林院校的园艺学、林学专业下、工科院校的城市规划与设计专业下都有开设景观设计学（或称"风景园林"等）专业的情形，这些院校的做法都有其合理性，因为理学、工学、艺术学等学科都可以为景观设计学

专业提供必要的教育资源，尽管仅以其中的一种学科作支撑是远远不够的。比如，地理学下设的三个二级学科——自然地理学、人文地理学、地图学与地理信息系统——都为北京大学的景观设计学专业提供了重要的师资支持，这三个学科提供的地理学知识是景观设计学不可或缺的。不过，任何一个院校的实践都不足以作为把景观设计学定性为理学、工学或艺术学的充分依据。

国内学术界对景观设计学定义和定位的分歧，很大程度上正是由于争论各方立足于不同学科门类，立论的角度和结论自然不同。比如，有人主张把景观设计学定位于农学，"在农学门类下设风景园林学一级学科(可授农学、工学、理学学位)"，❷ 这种思路必然引起更大的混乱，它试图打破学科门类界限，竟然赋予设想中的一个一级学科超越学科门类的权限，授予工学、理学等其他门类的学位，无形中，学科门类的划分就形同虚设了，它违背了现代科学的本义，即对知识分门别类和系统化，并由各知识共同体按照系科分工合作，生产知识。这种想法只能让本来已经众说纷纭的景观设计学更加无法找到自己的位置。

既然在景观设计学与理科下面的任何一个一级学科之间都不能划等号，那么就可以得出结论："science"的第二种用法，即作为某种科学的分支，特别是当它单独使用而作"理科"解释时，不适用于景观设计学的学科定性。至少，按照国务院的《学科、专业目录及名称代码表》，情况就是如此。

❶ 《地理学词典》编辑委员会.地理学词典.上海：上海辞书出版社,1983.713～714.

❷ 林广思.论我国风景园林学科划分与专业设置的改革方案.中国园林,2008(9):56～63.

第五节　景观设计与工程技术

最后，"science"还有一种解释，它源自古希腊语的"τεχνη (techne)"，指某种专门的技艺、技能、技术或实用技巧。

汉语中的"技"是指技艺或本领，"术"则是指为实现这些技艺所采取的方法、手段或策略。所以，一般所谓的技术，是指人们为了实现某一目的所采取的具体手段、方法以及人们所掌握的相关技能。技术有广义和狭义两种含义。从广义上看，它是人与实践对象的一种关系，这些实践对象包括人改造社会、自然和自身。技术是依据人对其改造对象的认识而制定的全部活动方法的总和，还包括为应用这些方法所直接使用的一切物质手段。狭义的技术亦即工程技术，是泛指根据生产实践经验和自然科学知识发展而成的各种工艺操作方法与技能。❶ 科学是知识，技术则是人们实践活动中所体现的技能。简单地说，科学与技术的关系是：技术以科学为指导，是科学知识的具体应用。

从学科体系的角度看，工学或工科是"教学上对有关工程学科的统称"，❷ 是应用数学、物理等基础学科的知识，结合技术手段发展而成的应用学科。在国务院发布的《学科、专业目录及名称代码表》中，工学是12个学科门类之一，它包括32个一级学科，属应用学科，主要研究在生产实践中对科学知识的具体应用。从景观设计学的学科建设来看，国内确实有把它当作工程技术类学科看待的做法。比如，目前清华大学开设的"景观学"专业附属于建筑学院，同建筑学一样，景观学被定位于工学。同济大学的景观学专业被对应于《学科、专业目录及名称代码表》中的城市规划与设计（含：风景园林规划与设计）二级学科，也属于工学。但如前所述，各个院校的学科建制都有其复杂的历史渊源，单纯依据某些院校的做法是不足以为景观设计学作学科定性的。

景观设计学固然需要工程技术方面的知识，设计方案也必然需要依靠工程技术来实现，换句话说，在工程实施的层面，景观设计很大程度上是一种技术活动，在把设计方案变为现实的过程中，从手工艺到现代化的高技术都有可能得到应用，技术水平往往还与景观的品质直接相关。但把景观设计仅仅定位于科学知识的应用或者工程技术层面，无疑是对它的约简和贬低。设计作为一个专业是随着社会分工从技术中分化出来的，1563年，瓦萨里成立了西方第一所美术学院——佛罗伦萨设计学院（Accademia del Disegno），以此为标志，设计开始从手工制作中脱胎而出，设计师不再等同于工匠，人们对设计的理解开始从制造走向创造，从技术走向艺术。如果仍然认为设计仅仅是一种技术活动，至少已经很不合时宜了。

问题还不仅仅是用技术的眼光看

❶武广华等.中国卫生管理辞典.北京：中国科学技术出版社，2001.

❷罗竹风主编.汉语大词典.北京：汉语大词典出版社，1997.

待景观设计贬损了这个专业，更可悲的是，随着现代技术的进步，在强大的技术能力面前，整个世界被"物质化、齐一化、功能化、主客两极化"，被"谋算、贯彻和统治、生产和加工、耗尽和替代"，❶被作为改造和剥夺的对象而"对象化"，不但自然被仅仅看作自然资源，连人也被简化为可以用金钱计算的人力资源，精神性的情感、尊严、个性、信仰等因素在现代技术的眼光看来是可以无视的，如果以这种眼光来看待景观并从事景观设计的话，只能使活生生的大地丧失灵魂。

当前，有很多所谓的"景观设计"按照市政工程的方式单一目标地改造环境，造成了生态环境的破坏和人文关怀的丧失，其思想根源就是混淆了景观设计与工程技术的关系。这类由市政工程师主导的工程项目已经不仅仅是一些个别的案例，它实际上是一种非常普遍的现象。这些项目破坏着大地基质的连续性、水文系统的自我调节机制以及生态系统的健康，在短时间里，它们一般都能够取得一定的经济效益，但从长远看，对自然系统和人文系统全方位的破坏不但从经济上看是得不偿失的，而且，与土地紧密维系在一起的当代人的生产和生活往往也失去了根基，更有甚者，场地上的那些无法用金钱估量的人类共同的自然与文化遗产正在迅速地在推土机那无情的巨手下被碾得粉碎。如果把景观设计仅仅看作技术的事，那么，它无异于被等同于那些失去人文关怀的市政工程。以水利工程为代表的一

❶[德]博尔德.海德格尔分析新时代的技术.宋祖良译.北京:中国社会科学出版社，1993.25～57.

图1-19：世界被谋算、贯彻和统治、生产和加工、耗尽和替代

图1-20：渠化的河道

图1-21：挖掘机无情的巨手

些耗资巨大的项目为了能够人为地控制水文系统而不惜用水泥堤坝切断水体与土地的联系，水系统原有的平衡被打破，不但造成城市的水荒，而且引发了频繁的洪涝灾害。自然水系的渠化常常被称作"景观设计"，这种被缩减为工程技术的"景观设计"完全没有存在的理由，因为，主持这类"设计"的"景观设计师"并不能比那些以擅长理性思维自诩的工程师们做得更好。

景观设计不是环境工程，也不是环境科学，正如建筑不是盖房子，建筑学不是土木工程学。同样，尽管画家和油漆匠在英文中都写作painter，他们使用的画笔或刷子在英文里也都叫brush，但是，他们的工作并不因此就是一回事。冷冰冰的工程技术只能满足实用，如柯布西耶所说："我的房子实用。谢谢，就像谢谢铁路工程师和电话公司一样。你没有触到我的心。"❶ 技术的进步经过古代、近代进入现代阶段，其概念的含义不断扩展，这种扩展始终以技能、技巧为核心，而非无限制地扩展，从技术所依赖的知识、主体从事实践活动的手段以及实现其手段所应用的工具三个方面看，技术可以分为从初级到高级的若干层次，但不论这些层次如何扩展，仍然不能把全部景观设计的内容涵盖进去，尽管反过来看，景观设计所应用的技术早已涉及到了技术的所有层次。以美国戴维·索特（David Sauter）的著作《Landscape Construction》为例，该书讲述了景观的各项工程和技术要素，包括景观项目的实施程序、施工工序、施工

场地管理、材料、结构等，涉及技术从低到高的各个层面。尽管此书系统而详尽，但它依然仅限于工程与技术方面，远远不能涵盖景观设计所涉及的全部内容，更不用说感动人的心灵。所以，作者并未给自己的著作冠以《Landscape Architecture》的书名。

对景观设计来说，科学技术只是

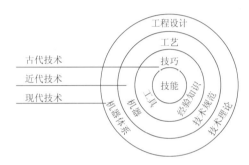

图1-22：在技术的几个层次中，找不到景观设计的合适位置
图片来源：陈士俊、王树恩、季子林编著.科学技术论与方法论纲要.天津：天津大学出版社，1994.127

图1-23：三分匠、七分主人

❶[法]勒·柯布西耶.走向新建筑（据1924年增订新版）.陈志华译.天津：天津科学技术出版社，1991.149.

图1-24：诗意地栖居

手段，不论手段多复杂、多完备，不论在掌握各种手段时所花费的时间和精力有多少，也不论在景观设计教学体系中科学技术课程所占比重有多大，即使是"九一之比甚至更大"，它们也不能等同于目的。明代计成在《园冶》中所说的"三分匠、七分主人"早就揭示了这个道理，可悲的是，这个道理在科学技术高度发展的今天却被人们忘记了。如

爱因斯坦所言，"途径的完美与目标的混乱，似乎成了我们这个时代的一大特色。"把目标与手段相混淆，至少不应该是崇尚科学的人应该犯的错误。应当明确，景观设计师的工作性质是应用科学家提供的科学知识创造性地解决与人类生存相关、与土地相关的具体问题，并在此基础上赋予环境有魅力的艺术形式，为人类创造有使用价值的、有吸引力的、有意义的、理想的、甚至寄托了梦想的人居环境，其最终目标是让人类能如德国哲学家马丁·海德格尔所言——"诗意地栖居"。

通过以上几节的逐条辨析，可以得到一个明确的结论：把景观作为科学研究对象的"景观科学（landscape science）"是科学，把景观与景观设计当作研究对象的"景观学（landscape studies）"也是科学。可是，不论从"science"的哪种含义看，景观设计都不是科学。

第六节　从技术到艺术

对于景观设计是艺术的判断，有人说得非常肯定："毋庸置疑，景观设计是一门艺术。"[1]　其实，景观设计是不是艺术，为了慎重起见，也不妨探讨一下。

首先，关于什么是艺术，就是众说纷纭的。

说到艺术，人们似乎都知道指的是

什么，但又很难说清楚。人们往往对什么不是艺术还颇有把握，至于艺术是什么就不太确定了。如何准确定义艺术，或者说什么是那个大写的艺术（Art），似乎永远没有答案，因为艺术始终是在变化的，它总是在突破原有的内涵与外延，旧有的艺术边界和评价标准不断被打破，正是在这种无休止的

❶王向荣，林箐.艺术、生态与景观设计.新材料 新装饰.2004(10):38～43.

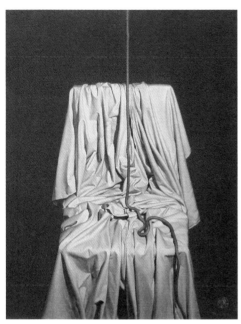

图1-25: 陈文骥早期的绘画作品

图1-26: 在无休止的突破中, 艺术才谈得上创新——陈文骥近年的绘画作品为当代艺术贡献了一种新的模式

突破中, 艺术才谈得上创新。艺术是一种动态的存在, 任何以本质主义眼光审视艺术的做法都不可能得到令人满意的结果。关于艺术是什么, 艺术应该是什么样子, 还没有谁的解释能让多数人满意。所以, 英国著名的艺术史家E·H·贡布里希干脆认为, 本来根本就没有大写的艺术, 而只有一些从事艺术活动的艺术家。

有趣的是, 从词源学上看, 和

"science" 一样, 西方的 "art" 一词也是由希腊语的 "techne" 演变而来, 那种关于景观设计学是科学与艺术的断言似乎隐隐约约揭示出了这种联系。

作为历史性的概念, 艺术有一个漫长的产生和演变过程。

古代中国的 "艺" 与近代从西方传来的 "艺术" 不尽相同, 它主要指礼、乐、射、御、书、数 "六艺"。以绘画为代表的艺术在先秦时期被作为教化工具受到特别的重视, 作为个人修养的重要内容, "艺" 也具有很高的地位, 《礼记·学记》中的 "不兴其艺, 不能乐学" 和《论语·述而》中的 "志于道, 据于德, 依于仁, 游于艺" 都说明了这一点。唐代朱景玄在《唐朝名画记》中曾说: "画者, 圣也。盖以穷天地之不至, 显日月之不照", 也赋予绘画艺术崇高的地位。

在西方, "art" 一词最早的意义与技术、技艺、技巧、技能相近, 在希腊语中写作 "τεχνη (techne)", 在拉丁语中则写作ars。那个时候的艺术尚未分化, 它与美、道德和实用都有关系。[1]在相当长的历史时期里, 在人们的观念中, 艺术与技术几乎没有什么区别, 艺术家与工匠的社会地位也大致差不多。18世纪法国思想家狄德罗 (D. Diderot, 1713-1784) 主编的《百科全书或科学、艺术、手工业详解辞典》中 "技术" 条目就是用的 "art" 一词, 他把技术解释为 "为了完成特定目标而协调动作的方法、手段和规则相结合的体系", 这是已知最早的技术的定义。[2] 在西方, 艺术

[1][英]贡布里希.艺术发展史.范景中译.天津: 天津人民美术出版社, 1992年第2版.4, 373~374.

[2]王前主编.现代技术的哲学反思.沈阳: 辽宁人民出版社, 2003.54~55.

家的社会地位直到文艺复兴时期才有了较显著的提高。直到18世纪，西方才确立了包括绘画、雕刻、建筑的"艺术"概念，音乐、舞蹈、戏剧等被当作艺术则是更晚些的事了。道理似乎很简单，艺术活动离不开一定的身体活动，像工匠一样，艺术家也要掌握一定的技术。以绘画为例，在艺术与技术概念还没有分化的时候，画家被叫做画匠或画师，手艺高超的画师叫巨匠或大师，即使是那些有极高艺术造诣的画家也大多为自己超人的技艺而自豪，技巧的水准是判断艺术家水平的一项重要指标。今天，人们的观念发生了巨大的改变，他们会质疑：难道绘画仅仅是一种技术吗？画家与油漆匠一样吗？在当代艺术界，由于形而上层面的艺术观念受到更多的关注，有人又开始否定技巧的作用。也有人为了强调情感的重要性而贬低技巧，著名画家吴冠中有"笔墨等于零"的说

法，就是很典型的代表。艺术与技术的分别越来越明确了。

在近代西方，"art"概念出现了另一种分化，人们按照实用性做出分别，出现了美的艺术（fine arts）和应用的艺术（或译作实用艺术，applied arts）的划分。绘画、音乐、诗歌等艺术属于前者，它们没有实用的功能，相当于汉语的"美术"；建筑、家具设计、服装设计、园林等则属于后者，它们一方面具有一定的艺术性，另一方面又具有必要的实用功能。

两种类型的艺术是可以互相转化的。随着时代的变迁，后者在丧失其原有的功能后，往往因为其艺术价值而成为纯粹审美的对象。有些物品在最初被创造和使用时本来并未被当作艺术品，虽然不排除人们审美地看待这些造物的情形，但那时候人们主要看重的是其实用性。今天人们所说的与艺术家、艺术

图1-27：吴冠中的绘画作品
图片来源：http://www.baozang.com/UpLoadFiles/200711/20071112091852789.jpg

作品相联系的"艺术"观念产生得很晚，尽管远在原始社会时期就有了绘画、雕塑、舞蹈等活动与作品，但当时人们还不知道什么是艺术，它们主要是原始巫术和信仰的外在表现形式。事实上，在人类历史中，不论从时间跨度还是作品数量来看，实用艺术都是主流，只是到了特定的历史时期，才有人根据是否具有实用性和公共性而把艺术分成了高雅艺术与通俗艺术。自从艺术观念产生后，有些物品开始被当成纯粹的艺术品，其原初的功能就被人们忘在脑后。比如，商代的青铜器，原本是用于祭祀的礼器，在生产这些礼器的时代，"艺术"概念尚未产生，但现在，这些礼器被堂而皇之地陈列在博物馆，成为艺术史家的研究对象和艺术爱好者的欣赏对象，它们被叫做青铜艺术。再比

图1-29：农民们修建梯田的时候没有想到过艺术

如，中国许多山区都有的梯田原本是一种生产性景观，农民们修建这些梯田的时候从没有想到过艺术这回事，但是，在景观设计师眼中，这些梯田成了一种杰出的景观艺术。类似地，都江堰、西湖上的苏堤和白堤等原本都是水利工程，正如清代的查容在诗中所说的："苏公当日曾筑此，不为游观为民耳。"可现在，人们游览"苏堤春晓"的时候往往会忘记苏东坡为民造福的初衷而完全沉浸在对景观艺术的审美观照中。

功能性和艺术性都是景观设计的重要属性，而功能性往往是人们误把景观设计当作科学的一个重要原因，为了满足实用的目的，景观设计要符合科学规律，要借助一定的技术手段，设计师还要掌握足够的科学知识，因此，很多人对"科学"的概念不加辨析就直接在景观设计与科学之

图1-28：藏传佛教的造像在最初被创造和使用时并未被当作艺术品

图1-30：作为艺术的景观设计同人类存在的时间一样久远

间划了一个等号。

　　诺尔曼·牛顿认为，景观设计作为一个专业仅有一百多年的历史，而作为一种艺术，它同人类存在的时间一样久远。❶这说明，景观设计和艺术的关系可以从两个角度去理解。不论从"艺术"原初的、广义的含义上，还是从其近代的、狭义的意义上来看，景观设计都当之无愧地可以被称为"艺术"。

　　说景观设计是"同人类存在的时间一样久远"的艺术时，"艺术（art）"一词是在其原初的意义上使用的，即一种技巧，一种有创造性的能力，这种适应或应对环境的生存能力是能够生存于这个世界上的所有生物所共有的，只是人类把这种能力发挥到了一个极高的境界。人们说一个将军会打仗，就说他懂得战争的艺术；说一个厨师菜烧得好吃，就说他擅长烹饪的艺术；说一个人擅长辞令，就说他掌握了说话的艺术；连一些小动物因为善于巧妙应对环境中

的不利因素，也被称赞为天生就具备生存的艺术。至于这些所谓的"艺术"是否与美学意义上的艺术学科有关系，人们往往就不太在意了。人们并不刻意地反问自己，赞美一个书法家的书法艺术与称赞一个厨师的烹饪艺术有没有区别，也很少反思厨师算不算艺术家，或者在说到"烹饪艺术"的时候是不是在使用比喻。这种对"艺术"的宽泛用法在西方有很长的历史，中世纪哲学家托马斯·阿奎纳（Thomas Aquinas，1225—1274）就把制鞋、烹调、杂耍、语法、算数、绘画、雕塑、诗歌、音乐等都叫做艺术。那种"同人类存在的时间一样久远"的东西实际上在人类的童年时期不可能被看作与审美相关的艺术，直到西方的中世纪依然如此，它指的是一种生存的能力，一种"生存的艺术"。

　　当景观设计被作为一个专业的时候，它是一种设计艺术。奥姆斯特德和沃克斯自称为景观设计师的时候，他们的意思是，正如建筑师负责建筑设计，

❶Norman T. Newton. Design on the Land: The Development of Landscape Architecture [M]. Cambridge: The Belknap Press of Harvard University, 1971. Foreword.

图1-31：烹饪的艺术

景观设计师应该对整体的景观负责，他们强调的是这个专业"设计"的本质。❶

在我国目前的学科体系中，艺术设计专业是艺术学的一个分支。根据国务院公布的《学科、专业目录及名称代码表》，艺术设计学专业是从属于艺术学这个一级学科的二级学科。虽然在这个目录中还有一些工学专业带有"设计"字眼，如机械设计及理论、纺织材料与纺织品设计、船舶与海洋结构物设计制造等，但这些"设计"是在纯粹技术的意义上使用的，与艺术没有什么关系。与这些工科专业不同，景观设计既是一门生存的艺术，又是一门美的艺术。如西湖上的苏堤和白堤，既是两条生命的堤坝，维系着杭州百姓的安全，又是白居易和苏东坡这两个大文豪留给后世的永恒诗篇，在细雨斜风中，伴着鸟啼虫鸣，漫步长堤，人们会被一种艺术所陶醉，这种艺术今天被叫做景观。

综上所述，把景观设计当作追求客观知识体系的科学，当作与文科相对的理科，当作工程技术，或者当成没有实用价值的、超功利的"美的艺术"，都是对这个学科的错误理解。当人们说景观设计是艺术和科学时，只有一种解释可以被接受，那就是回溯到"art"和"science"的词源——希腊语的"techne"，回溯到人们还没有明确区分艺术、科学与技术的时候，确切地说，回溯到17世纪末叶之前的年代，那个时候，科学与艺术还没有明确界限，在欧洲，直到公元四世纪，语法、修辞、逻辑、算术、几何、音乐和天文等

七个科目还统称为"自由艺术"（liberal arts），简称"七艺"。遗憾的是，语言的使用是要考虑语境的。在17世纪的最后25年里，英法学者中发生的古今之争（Querelle des Anciens et Modernes）取得了一个重大的成果，那就是人们第一次明确地把艺术与科学加以区别。❷今天，人们对这两个领域之间差异的认识已经远比那个时候明确，有学者清醒地认识到二者之间的关系是"一个硬币的正反两面"，它们可以互相启示，却不能融合，可以共生，却不能互相取代。❸在学科分野已经如此清晰的现代，如果对诸学科的分别佯装不知，只能造成认识上的混乱。景观设计固然是一门交叉学科，但学科的交叉不等于对学科的差异视而不见，恰恰相反，各学科的差异一旦消失，它们交叉的前提也就不复存在了。

景观设计是一种充满智慧的生存之道，但它又不仅仅满足于为生存提供最基本的保障，因为创造并拥有它的不是低等生命，而是人类——艺术的创造

❶Norman T. Newton. Design on the Land: The Development of Landscape Architecture [M]. Cambridge: The Belknap Press of Harvard University, 1971. Foreword.

❷邵宏.美术史的观念.杭州：中国美术学院出版社，2003.61.

❸杭间.重新认识美术学院——在"清华大学2008年度教学科研奖励大会"上的发言.装饰，2009（6）：75.

图1-32：啊，人类，只有你才有艺术！

者和拥有者。人们尽可以赞叹土拨鼠本
能的生存方式是多么值得人类学习，但
不应忘记人与土拨鼠的巨大不同，更不
应为了提倡向土拨鼠学习而肆意贬低人

类辉煌的精神文明。德国诗人席勒吟唱
道："啊，人类，只有你才有艺术！"
作为一种艺术，景观设计是人类的
骄傲。

图1-33：景观设计是人类的骄傲

第二章 景观元素总论
JINGGUAN YUANSU ZONGLUN

第一节 元素概念

"元素"概念的产生是人类文明史上非常重要的事情，它标志着人们获得了一种对世界非常理性的理解方式，可以毫不夸张地说，正是在这种理性光辉的照耀下，科学才有可能发展到今天。"元素"概念所体现的基本思想是，世上万物都是由最基本的元素构成和衍生的。按照汉代许慎《说文解字》的解释："元，始也。""元"还有"基本"的意思，所以，那种神奇的构成万物、化生万物的东西被叫做"元素"。和汉语相似，英文的"元素"、"要素"写作"element"，也有"基本"的意思，其形容词为"elementary"，汉语译作"基本的、初级的、元素的"。

"元素"的想法至少包含了两个层面的基本认识：万物都有原初的、基本的本原，本原可以演化为万物；反过来，万物都可以还原为本原。从字面上看，"要"是"重要"，中文的"要素"与"元素"含义略有不同，它不具备"本原"的意义，而更多地强调整体的各构成部分之重要性，所以，"要素"的总和不一定能构成完整的整体，因为，某些不太重要的东西虽然是整体的一部分，但它们并未被看作"要素"。在使用的时候，人们对于"要素"与"元素"往往不做很严格的区分。

不论在东方还是西方，"元素"的想法都有非常久远的历史。在中外哲学史中都可以见到，"元素"是一个与世界本原直接相关的古老概念。之所以在这里涉及到哲学问题，并不是想证明景观设计师都要懂哲学，而是因为，要谈"景观元素"，就不能不首先说清楚"元素"的意义以及这个概念产生的来龙去脉。很多人对于哲学和哲学家有一种矛盾心态。据说，泰勒斯只顾仰望星空，一脚踩空，掉进了井里。人们借此嘲笑他这样的哲学家不切实际，全无用处。但人们又大多希望哲学是有用的，很多学习哲学的人是抱着实用主义态度的，他们希望有那么一种学问，一旦掌握，就能解决世上一切难题。这种心态可以理解而且不无道理，因为人们大多相信，哲学思考的都是最基本的问题，并提出一些最基本的方法，也就是所谓本体论、认识论、方法论等等。不过，这里并不想追究到底哲学有没有这么神奇，以及它到底是不是一种"根本之学"、"普遍之学"、"科学之科学"，是否对其他所有学科具有指导意义，而是希望把那些看来说不清楚的东西说得尽可能清楚明白些。

我国西周时的《易经》认为"太极"或"大恒"是世界的本原，《周易·系辞》说："是故易有大恒，是生两仪，两仪生四象，四象生八卦，八卦生吉凶，吉凶生大业"。两仪即阴阳，分别用阳爻"—"和阴爻"——"表示，由阴阳爻交错组合，形成八卦符号，八卦再交错组合，形成六十四个重卦，《伏羲六十四卦方位图》形象地图解了这六十四卦的衍生以及它们之间的关系。按照《易经》的理论，世界万事万物都可以被归纳并表征为八种物象，即：乾为天，昆为地，震为雷，巽为风，坎为水，离为火，艮为山，兑为泽。人体也同样如此：乾为首，昆为腹，震为足，巽为股，坎为耳，离为目，艮为手，兑为口。战国时的老子提出"道"是万物本原："道生一，一生二，二生三，三生万物。"管子则提出水是万物的本原："水者，何也？万物之本原也。"先秦时期的五行学说则认为水、火、木、金、土这些最基本的物质元素构成了万物。在以后漫长的历史中，人们用各种文字和图式继续阐发《易经》的观念，为后人留下了浩如烟海的文献。这些文献并非单纯的抽象思辨，它们指导着古人的各方面实践，在风水、医学、农业、军事、艺术等领域，莫不如此。清代大画家石涛在其《画语录》的开篇第一章"一画章"中说："太古无法，太朴不散，太朴一散，而法立矣。法于何立？立于一画。

一画者，众有之本，万象之根。"这是古老的元素观念在绘画领域的具体体现。原初的、整体的物象分解为元素后就不再是混沌一片，元素之间就有了关系，这些关系是有规律和法则可循的，在绘画中，它们就构成了一种独特的美学体系。

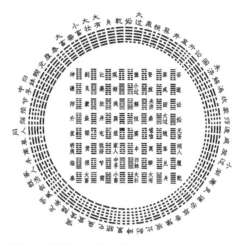

图2-1：《伏羲六十四卦方位图》，太极生两仪，两仪生四象，四象生八卦
图片来源：《国学备览》光盘版，北京：商务印书馆国际有限公司，2002.

类似地，公元前7世纪至前6世纪印度的卡皮拉提出地、水、火、风、空气为万物本原。在西方，同样在那个思想大爆炸的"轴心时代"，也出现了"元素"的观念。

一般认为，西方哲学始于古希腊米利都学派的泰勒斯。泰勒斯虽然没有提出元素的概念，但他说，万物都是由水做的，他称水为原质。这一论断在今天看似简单原始，却未必荒谬，因为，水中有三分之二的氢元素，而已知所有化学元素都能与氢合成。西方的科学和哲学就是由此产生的，可谓意义重大。甚至在今天，水的神秘特质仍然被很多人

图2-2：水的神秘特质

膜拜，有人用这样的诗句赞美神圣的水：

"如果我被召唤
去创建一个教派
我将利用水。"

——拉金[1]

米利都学派的阿纳克西曼德认为，万物的本原是无限者，因为，那化生一切的应当什么都不欠缺，他没有说出那个无限者是什么物质。米利都学派的另一位哲人阿那克西美尼把万物本原叫做基质，他认为基质是气。

后来，生活于公元前500年左右的赫拉克利特认为万物是火做的。而比赫拉克利特稍晚些的恩培多克勒则丰富了前人的见解，首次提出万物由水、气、火、土四元素构成，虽然他也没有使用元素或"原素（element）"这些字眼，而是把这四种东西称为"根"。此后大约两千年的时间里，不断取得进展的化学研究就是在恩培多克勒理论的基础上展开的。

大约与恩培多克勒同时代的留基波和德谟克利特首创原子论，他们认为原子构成万物，并且，原子是不可分的，原子之间只有形状、大小、位置的不同而没有质的区别。作为决定论者，他们认为，万物都有理由，都被机械的原则所确定，这种论点使他们与近代科学理论极为相似。

据说，柏拉图（Plato，公元前427－前347）首次使用了"元素"（拉丁文：stoicheia）一词，在《蒂迈欧篇》中，柏拉图尝试用数学方法描述水、气、火、土这些元素之间的关系，即火与气的比例等于气与水的比例等于水与土的比例。这样，一个理想的、完美的、理性的、有秩序的宇宙就被柏拉图建构起来了。但是，柏拉图借蒂迈欧之口指出，这些元素还不是构成物质世界的终极原因，四大元素与其说是某种实质，毋宁说是一种状态。真正的、终极性的元素是抽象的形式，即两种直角三角形。四大元素是由这些三角形构成的。[2] 古希腊的伊壁鸠鲁、古罗马的卢克来修都对原子论作出过贡献。到中世纪的时候，原子论因其唯物主义立场而遭到压制。

17世纪时，法国哲学家伽桑狄、英国物理学家牛顿再次复兴了原子说，使哲学与自然科学获得极大发展。笛卡尔把物体与灵魂分开的观点同样具有重大的意义。根据这种观点，在物质层面，生命与无生命的物质存在之间的差别被取消了，人与任何生命一样都可以用物理学的方法进行研究。牛顿和笛卡尔的观念构成了近代科学的基础。

[1] 约翰·凯里.艺术有什么用？.刘洪涛，谢江南译.南京：译林出版社，2007.235.

[2] [英]罗素.西方哲学史.何兆武，李约瑟译.北京：商务印书馆，1963，49～193.

直到现代科学昌明的时代，一系列重大的科学发现似乎仍然在反复印证着古人的假说。至今，科学家们已经在化学元素周期表上列出了一百多种化学元素，这些元素构成了已知的物质世界。不论科学家把分子分割为原子，还是再分割为更小的电子和质子，或者接着无休止地分割下去，其基本的方法仍然跳不出《庄子·天下篇》中"一尺之棰，日取其半，万世不竭"或者古希腊的留基波和德谟克里特等原子论者的思路。这样看来，古人的说法一点也不可笑，现代科学似乎只是用更可靠的、可以反复验证的科学手段证实了古人的猜想并对世界的本原做了更精密的分析。

"元素"的概念与分类的意识密切关联，不论是像泰勒斯那样把万物归结为唯一的元素——水，还是像《易经》那样把世界分成太极、两仪、四象、八卦等多个层次，"分"和"类"的观念始终在背后发挥着作用。"分"和"类"是相反相成的两种方法。"分"是从大到小、从整体到局部的分割、分析的过程；"类"则是反过来从局部、个别、特殊中总结、归纳、组合、累计出更大的整体。景观作为一种物质与精神的复合体，也可以在"分"和"类"的观念下被分析、演绎、解释、设计。

第二节　景观元素的概念

基于"元素"观念，景观设计领域也在使用"景观要素"或"景观元素"的概念，借助"元素"概念，原本非常复杂的景观和景观设计得以被系统地解释和分析，并且，以这个概念为基础，依据"元素"概念背后所隐含的还原、分析等理念，一些景观设计的方法得到确立。

景观生态学和地理学中也经常涉及"景观要素"、"景观元素"或"环境要素（environmental element）"概念，但因学科角度和标准的不同，各学科对于这些概念有不同的定义，对它们的用法也各有不同。

景观生态学中使用的"景观要素"概念主要着眼于景观的生态系统，从生态系统的视角研究景观的结构、功能及其动态变化："景观是由异质生态系统

图2-3：景观是由异质生态系统组成的陆地空间镶嵌体

组成的陆地空间镶嵌体，这些相互作用的、性质不同的生态系统称为景观要素（landscape element）。"❶ 这里，景观要素指的是一种构成景观的基本的、相对均质的景观生态系统单元，这些单元镶嵌在一起，构成生态学家眼中的景观。

景观生态学属于自然科学，它的学科门类是理科，是生态学的一个分支。景观生态学为景观设计提供非常重要的科学基础，它使用的"景观要素"概念不但可以用来解决景观中的生态问题，而且，斑块、廊道和基质的形态学分类方式在景观设计其他领域，特别是景观的空间形态设计方面，也为设计师提供了科学依据。不过，景观设计是一门建立在广泛的自然科学和人文科学基础上的应用学科，景观生态学仅仅提供景观设计所需要的一部分知识。景观设计中对"景观要素"或"景观元素"的理解比景观生态学要广泛得多，其分类方式也丰富得多。仅仅着眼于生态系统去研究景观元素，是不足以完成景观设计的。

由于科学主义的导向，一些人试图简单地把景观生态学的概念与原理应用于景观设计甚至绘画的分析。有文章拿五代董源的《溪岸图》为例子，认为画中大面积裸露的山体是景观的"基质"，对于整个生态环境起着重要作用；河流作为"廊道"把两岸山脉既分隔开又联结在一起；山体上相对离散的植物丛是"环境资源斑块"，形成了一定的生态圈，亦增加了画面层次。❷ 这种做法就显得有些牵强附会，大大背离了画家所处的时代背景，不仅无助于理

图2-4：董源的《溪岸图》
图片来源：http://www.wenhuacn.com/meishu/minghua/04suitang/sijiashanshui03.jpg

解古代的绘画，也不可能用来指导当代景观设计实践。

地理学中所说的环境要素"是构成人类环境整体的各个独立的、性质不同的而又服从整体演化规律的基本物质部分"。❸ 这种视角下的环境要素是排除了人以后的物质部分，是外在于人的，并且，人对于环境的改造和影响在此也没有作为主要的考虑因素。所以，这种理解方式也与景观设计不同。

从物质及其存在方式的角度看，景

❶ 郭晋平.森林景观生态研究.北京：北京大学出版社，2001.8～9.

❷ 岳原，李嘉华.中国山水画景观构成模式的启示.华中建筑，2008,26(5):160.

❸ 全国科学技术名词审定委员会审定.地理学名词.2版.北京：科学出版社，2007.74.

观设计中的景观元素可以理解为构成景观整体的基本质料或形式单元。

质料（matter）和形式（form）这一对范畴最早是由古希腊哲学家亚里士多德提出的，他认为，质料是指组成个体事物的基本材料。质料是消极的、被动的、潜在的，没有统一性；它相对地没有形式，自身没有运动能力，不能自行改变潜在状态，但它是自始至终存在的。推至终极的纯质料，既不是一个特殊的事物，也不具有一定的量或其他范畴给予它的规定性。形式则是事物的定义、本质、结构、模型、范型。形式相对质料而言是在先的、现实的、能动的、积极的，是运动的源泉和目的，推至终极，它是离开质料而独立存在的纯形式。质料不是本体，只有形式和具体事物才是本体。一件具体事物之所以具有这样或那样的性质，都取决于形式，形式是高于、先于、独立于具体事物而超然地存在的。❶ 当从纯粹形式的角度谈论一个三角形时，这个三角形并不特指某一个用铅笔或钢笔画在一张纸上的三角形，这个形式意义上的三角形不依赖于特定的质料，也不与某一个借助质料呈现的三角形一一对应，它只存在于思维和想象中，是一个概念的、完美的、本质的、具有规定性的、永恒的三角形。形式赋予质料特定的本质和形态，使之与其他事物区别开来。形式存在于关系中，如同在一个三角形中，三个线段、三个角度构成的关系规定了一个独一无二的三角形。当某质料获得了某种形式时，它就被赋予了这种独特的

图2-5：获得了质料的三角形——金字塔
图片来源：http://www.wallcoo.com/human/2008_Travel_Geographic_Desktop_03/wallpapers/1600x1200/The%20Grea

图2-6：一棵孤立的树不是景观

关系。

就景观来说，土壤、植被、水体等构成景观整体的材料就是景观的基本质料，它们是景观的物质性要素，即有机和无机要素的综合体。材料本身不是景观。一棵树是获得了树的形式的质料，所以，它能被叫做树，但它尚未具备景观的形式，而只是一种基本质料单元，因而不能称作景观。只有当这棵树与其他质料单元以特定的方式相结合，按照某种结构关系组织在一起，比如，当它被植入一片土地，与土地上的其他要素

❶冯契，徐孝通主编.
外国哲学大辞典.
上海：上海辞书出版社，2000.362.

形成特定的关系，获得了"景观"的形式，才可以被看作一种景观。

抛开具体的材料，从纯粹形式的角度看，景观形式的整体是由形式单元构成。形式单元具体表现为无限多样的点、线、面、体及其组合，这些形式单元就是景观的形式元素。

有必要指出的是，虽然这里把景观元素分解为基本质料和形式单元两个方面，但实际上，任何一个方面的缺失都不足以构成景观。引入质料和形式的概念并不是要坚持一种二元对立的理论，而是因为西方很多景观设计及其理论就是以二元论为根基的，对二者不加分别就无法把这些设计与理论说清楚。所谓推至终极的纯质料和纯形式只存在于思维中，质料和形式这种形而上学的二元论只能作为研究景观元素的一种策略或技术性思辨方式，如果把两个方面对立或孤立看待，用片面的方式理解景观，就会陷入亚里士多德形式逻辑的陷阱。

第三节　景观元素分类

"元素"的概念不但产生于追根溯源的企图，还植根于分析、分解、分类的思维方式，分类和分析是人类理性发展到一定程度后才产生的。命名与分类是科学研究的前提。在很多原始语言中，人们知道如何给每一样具体的事物命名，却不大懂得创造一个总称把它们归纳在某个大的类别中。荷兰学者约翰·赫伊津哈（Johan Huizinga，1872—1945）在《游戏的人》中就提到，有些民族给他们所知道的每一种鱼都起了名字，如eel（鳝）、pike（梭鳗）等，却没有fish（鱼）这个总称。❶ 分类是科学研究的基本方法之一，它大致包括定类（nominal）、定序（ordinal）、定距（interval）和定比（ratio）这四种分类方式。假如没有这些分类方法，科学研究就无从谈起。至少

从字面上就可以看出，科学是建立在学科划分体系上的，各学科之间基于分工合作的原则构成知识共同体，通过把知识分解为知识单元，建立分门别类的教育体系，以此方式保证知识的再生产和知识共同体自身的再生产。

在地理学、生态学等与景观设计关系极为密切的学科中，分类的方法当然也是非常重要的，它甚至是这些学科得以确立的基础。可以毫不夸张地说，假如没有林奈（Carl von Linné，1707—1778）生物学分类命名的研究成果，现代生物学、生态学等学科就无法确立。类似地，在景观设计中，元素分析的方法就是一种基于分类的方法，尽管它不是唯一的分类分析的方法，但至少是很常用的。因学科角度不同，景观元素的分类方式有多种。

❶ [荷] 约翰·赫伊津哈，《游戏的人》，多人译，杭州：中国美术学院出版社，1996年，第31页。

在景观生态学中，理查德·福尔曼(R．Forman) 按照景观元素在景观中的地位、功能及形态将它们分为斑块(patch)、廊道(corridor)和基质(matrix，或译作"本底")三种类型，并把这些类型称为景观结构成分（landscape structural components），从宏观上看，这三种景观元素的镶嵌体（tessera）组合成整体的景观。此外，根据景观元素的生态学或自然地理学性质，还可以把它们分成森林、草地、灌丛、河流、湖泊、农田、村庄、道路等类型。这些元素的总和覆盖了地球的表面，它们因各

图2-9：森林

图2-7：斑块、廊道和基质

图2-10：农田

图2-8：草地

图2-11：村庄

自不同的物质属性和形态而赋予某处景观一定的特征，从而与其他区域的景观区别开来。

比起景观生态学、地理学来，景观设计对景观元素的理解要更宽泛，它不仅包括景观生态学中所谓的生态系统单元以及地理学中的诸多物质要素，而且包括许多与生态系统和地理因素没有直接关联的方面，如历史、审美、民俗等人文要素。因此，景观设计学中对景观元素的分类就更加复杂些，分类的角度很多，不同的分类方式适用于阐述或解决不同的问题，都具有其合理性。

景观的物质材料常被看作景观设

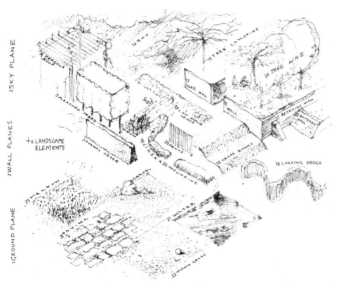

图2-12：景观的质料元素
图片来源：[英]凯瑟琳·迪伊.景观建筑形式与纹理.周剑云，唐孝祥，侯雅娟译.杭州：浙江科学技术出版社，2004.35.

图2-14：水体包括江、河、湖、海、瀑布、喷泉等类别

图2-13：水体包括江、河、湖、海、瀑布、喷泉等类别

图2-15：水体包括江、河、湖、海、瀑布、喷泉等类别

计语言的素材，离开这些材料的景观就好比没有语素的语言，是根本不可能存在的。所以，景观设计中经常按照很具体的物质性材料对景观元素进行分类。从质料的角度看，景观元素可以包括土壤、植被、气候、水体、土地利用等类别，每一种类别还可以继续划分成次一级的子类，如土壤可包括砖红壤、赤红壤、燥红土、红壤、黄壤、黄棕壤、棕壤、褐土、暗棕壤、灰化土、黑钙土、栗钙土、灰钙土等类别，水体又包括江、河、湖、海、瀑布、喷泉等类。就像画家把红、蓝、黄、绿等颜料作为绘画的材料，景观设计师把景观质料元素当成组织景观形式的材料。

从形式的角度看，景观元素经常被抽象到纯粹几何形态的层面，包括点、线、面、体几类，点、线、面、体又分别表现为几何与有机两大形态类别。

依据景观元素的动态特征，参照阿摩斯·拉普卜特（Amos Rapoport，1964）对环境类型的划分方式，景观元素也可以分成固定元素、半固定元素和非固定元素三类。❶ 其中，固定元素包括那些相对固定或者说变化相对缓慢的元素，如气候、土壤、水体、建筑等；半固定元素指那些景观中变化与移动相对

图2-18：景观中的固定元素

图2-16：几何形态的景观元素

图2-19：景观中的半固定元素

图2-17：有机形态的景观元素

图2-20：景观中的非固定元素

❶ [美]阿摩斯·拉普卜特.文化特性与建筑设计.常青等译.北京：中国建筑工业出版社，2004.28.

频繁或比较容易的元素，如树木、草坪、公共设施、小品等；非固定元素则主要指人、动物、交通工具、时间、事件等。所谓固定与非固定是相对的，比如，虽然河流、海洋等水体始终处于流动之中，但由于其流域、走向等整体形态特征相对固定，所以应归入固定元素一类。再如，建筑本来是固定的，所谓"建筑是凝固的音乐"，但比起土壤、地貌等自然元素，却相对容易改变，特别是在大规模改造或建设的区域，建筑往往是变化最突出的。

对于景观元素的分类、它们与整体景观的关系、景观元素在不同尺度空间上的具体表现形式这些复杂的因素，有人把景观作为系统进行了归纳，这种归纳还是比较全面的，即，由人工、自然、人文三个子系统构成了景观复合系统，每个子系统下包含若干要素，这些要素按照空间尺度又被分成了三个层次（见表1）。作为一种尝试，这个归纳虽然未必完善，如把审美导向归于政治要素之下有些牵强，把城市空间、城市外部空间、城市公共空间并置，存在交叉重叠关系，在分类学上是有漏洞的，但它一方面揭示出了景观设计学中的景观元素涉及很广泛的领域，同时也提供了理解景观元素的多种视角。

表1：景观复合系统的构成❶

系统	子系统	要素类别	构成要素		
			空间尺度		
			第一层次	第二层次	第三层次
景观复合系统	人工子系统	实体要素	景点、广场、园林、公园	街区、集镇、市区、城区、建成区、城市	区域、城市带、流域、大洲、半球、全球
		空间要素	交通空间、游憩空间、观赏空间	城市空间、城市外部空间、城市公共空间	区域空间、流域空间、城市带空间
	自然子系统	生物要素	植物、动物、微生物	园林绿地系统、生物多样性	生物带、种质资源
		物理要素	高差、坡度、池塘	山地、平原、丘陵、草原、盆地、湿地、江河湖海	地形地貌特征
	人文子系统	政治要素	审美导向	地方性法规	国家与国际法规
		经济要素	经济成本、消费水平	产业结构、恩格尔系数	全球化、生产力布局、协作
		文化要素	审美情趣、文化价值	历史文化、城市文化、民俗	地区文化、地域差异
		社会要素	安全、行为、心理	阶层、生活方式、人口结构	人口特征

❶ 谭瑛.三位一体和而相生——景观学体系的构成创新研究.全国高等学校景观学（暂）专业教学指导委员会（筹）.2005国际景观教育大会学术委员会.景观教育的发展与创新——2005国际景观教育大会论文集.北京：中国建筑工业出版社，2006.146.

构成景观复合系统的三个子系统中，自然子系统与人文子系统是人们创造人工子系统的前提与依据。

麦克哈格（Ian McHarg，1920－2001）"设计结合自然（Design with Nature）"的主张之所以被广为接受，甚至被一些支持者奉为金科玉律，就是因为人们认识到，景观设计是对自然子系统进行干预、恢复、改造，并以自然子系统为基础从事人工子系统创造的过程，景观设计如果不考虑自然因素，就有可能对自然子系统造成伤害，最终伤害的是人类自身的利益，后果严重的话，还有可能危及人类的生存，事实上，这种生存的危机正在非常真切地向人类逼近。

人文子系统对于景观设计同样重要，特别是在现代社会，人类已经不再像农业革命前的祖先那样简单地依靠从自然界采集和狩猎获取食物，在经过阿尔文·托夫勒（Alvin Toffler，1928－　）所说的农业革命、工业革命、信息革命这三次革命浪潮之后，人类的文明已经达到了一个很高的阶段，生存早已不是仅仅满足穿衣吃饭这些最基本的需求，政治、经济、文化、社会各方面都是当代人类生存方式的组成部分，景观设计如果不能把包含这些要素的人文子系统纳入视野，片面地把目光局限于自然子系统，就谈不上适应当代人类的生存，更谈不上创造"生存的艺术"。

三个子系统是密切相关的整体。自然子系统与人文子系统是创造人工子系统的前提与依据，反过来，人工子系统

图2-21：景观复合系统中的自然子系统

图2-22：景观复合系统中的人文子系统

的创造与改变必然影响另外两个系统。景观设计对这三个子系统产生的作用是有程度上的差异的，它所从事的工作主要是建立与改造人工子系统，对于另外两个系统，景观设计只能产生影响或造成改变，却不能创建。所以，景观设计通常是指对人工子系统的创造和改造，它要以自然子系统为基础，综合考虑人文子系统。人工子系统是由实体要素和空间要素这两大要素类别构成，尽管人们可以强调自然子系统与人文子系统的重要性，但实际上，景观设计最直接的对象就是实体和空间要素。

实体要素和空间要素一正一负、一图一底，表现出相反相成、互为表里的关系，这种关系集中体现在二者的界

面上。根据空间界面的方位和作用，景观元素可以划分为基面元素（底界面元素）、顶面元素、围护面元素（侧界面元素），在空间中，还容纳了设施小品等实体元素。

类似自然、人文、人工三个子系统的划分，有人按照成因或者说人类的

影响，把景观元素分为自然元素和人工元素。自然元素是指场地内原有的自然条件、地形地貌，包括气候、地貌、地质、水体、土壤、植被等，人工元素则主要包括耕地、聚落、城市，以及被人类活动改变的各种自然元素。

但是，"把一些景观称作自然的，

图2-23：景观复合系统中的人工子系统

图2-26：景观顶面元素

图2-27：景观围护面元素

图2-24：景观基面元素

图2-28：景观围护面元素

图2-25：景观顶面元素

图2-29：景观设施小品元素

图2-30：景观自然元素

图2-31：景观人工元素

再把另一些称作人工的或文化的，是忽略了一个事实，即，景观从来不会完全是其中的某一种。"❶ 对于自然子系统与人工子系统、人工元素与自然元素的划分只是一种理论表述上的界定，因为人工元素实际上是指景观中的人工构筑物以及人类作用下发生改变的自然元素，人工元素与自然元素常常是你中有我、我中有你的关系。景观是自然的景观，也是人的景观，景观是自然过程与文化过程的统一体，景观的特征同时包括自然特征与文化特征。一方面，离开人类文化感知和描述的、自在自为的自然世界对于人类的认识来说是不存在的，另一方面，人类的建成环境也不能脱离自然环境。同样地，景观自然元素

与人工元素的划分也不是绝对的，特别是当它们被置于景观整体的语境时，就很难说某个元素是绝对自然的还是人工的了，所以，这种划分只能看作一种相对的界定。

依据成因划分景观的做法有另外一种表述方式，就是把自然分为几个层级。

西塞罗（Cicero）把自然分为第一自然和第二自然，未经人类染指的自然是第一自然，由人类的双手在第一自然中创造出来的自然是第二自然。更有亨特（John Dixon Hunt）以及16世纪的人文主义者将园林称作"第三自然"，这种自然是对第一和第二自然做自觉地再表达，是为特定人群而做的、对于一个特定场所的艺术化阐释。❷

还有人提出"四类自然"的划分：第一类自然是原始自然，人类活动没有对其产生影响；第二类自然是人类生产生活改造后的自然；第三类自然是美学的自然，是人们出于美学的目的而建造的自然，它往往是对第一自然或第二自然的模仿，是对前两者的抽象、再现或表现；第四类自然是被损害之后又得到恢复的自然。四类自然中，除第一自然是天然形成的以外，其余三类都是人类干预的结果，可以统称为人化的自然。❸严格说来，人化的自然实际上已经属于人工子系统了，景观设计就是致力于在人化自然的范畴从事创造性实践，一旦它染指原始自然，真正意义上的原始自然就不复存在了。

不论对于景观元素做何种划分，在实际的景观设计过程中，这些在理论上

❶Ann Whiston Spirn. The Language of Landscape. Yale University Press.2000.24.

❷Ann Whiston Spirn. The Language of Landscape. Yale University Press.2000.32.

❸王向荣，林箐.自然的含义.中国园林，2007(1):15~26.

被分开讨论的景观元素都应该作为景观整体不可或缺的构成因素纳入统一考虑的范畴，任何偏颇都有可能产生失败的设计结果。无视自然子系统必然破坏自然的进程，导致一系列生态上的错误，影响景观的健康；漠视人文子系统则一定会导致场所感的丧失与文脉的割裂，强加给原有场地一种没有人文关怀和文化气息的景观设计；出于保护自然子系统或人文子系统的理由而贬斥人工子系统的作用，放弃创造性的设计工作，必然无法满足人的合理需要，这无异于背弃了景观设计的使命，所谓"设计"也就无从谈起了。基于以上认识，在讨论景观元素设计时不可避免地要对自然子系统与人文子系统有所关注，但不应把所有力量纠缠于这两个子系统，而应在对于自然子系统与人文子系统进行充分研究的前提下，把人工子系统作为研究与改造的重点，着力探讨如何针对该子系统中实体和空间这两大要素类别进行设计，只有这样，才是对奥姆斯特德最早定义景观设计专业时的初衷所做的恰当回应，即强调这个专业"设计"的本质。

第四节　还原论及其局限

还原主义（reductionism）也叫还原论，与整体主义（holism）相对。所谓还原主义"是实证主义和经验主义的一种理论特征。它是借用化学还原作用的一个术语。主要是把较高级复杂的事物、概念简化为较低级简单的事物、概念。如把复杂的社会整体中各要素简化为单一发展本原；把人类复杂的行为简化为某种低级动物的简单行为；把复杂的生物进化现象简化为物理、化学中简单的公式等。"[1] 在还原主义者看来，只有那些能够用简单的原理解释的秩序才是世界的终极本质，而模糊的、动态的、混沌的、无法量化的东西都是表象，是不值得信任的，这些表象不构成诉诸理性的客观知识。例如，对于人们所说的灵魂，由于无法找到确切的物质形态，还原主义者往往会以唯物主义的名义而拒绝承认。19世纪德国物理学家与病理学家鲁道夫·维可夫就声称："我解剖了很多的尸体，从未发现过灵魂。"[2] 有生命的肉体与冷冰冰的尸体之间的区别被刻意忽略，人竟然可以没有灵魂。

还原主义肇始于原子论，历经几千年的演变以及原子主义、机械主义和物理主义等表现形式的变化，最终被确立为现代科学研究的一种基本方法，也成为现代科学的核心信念之一。在自然科学研究中，还原主义的方法卓有成效，到目前为止，它一直是科学研究最重要的动力。这种方法把一个系统分解到尽可能基本、简单或初级的层次，在这些层次上寻求深层次的、最基本的规律与法则，这些规律与法则被当作原因并用

[1] 《当代军官百科辞典》编辑委员会.当代军官百科辞典.北京：解放军出版社，1997.1042.

[2] [俄]瓦·康定斯基.论艺术的精神.查立译.北京：中国社会科学出版社，1987.21.

以解释作为整体的系统。

还原主义者认为，自然界是有秩序的，用还原的方法可以获得自然界的基本规律，自然界的所有现象最终都可以用这些基本规律去解释，一切都是被自然规律所决定的，因此，还原主义者是决定论者。还原主义者还认为，自然规律也有层次，有一些规律具有更大的普遍性，是更基本的规律。这与物质世界的结构层次是对应的，原子比分子更基本、更简单；分子比细胞更基本、更简单；细胞比生物体更基本、更简单……因此，原子的运动规律就是更基本、更深层的规律。要理解一个现象，就应该从它的各组成部分寻找原因。包括爱因斯坦那样的一些科学家不但相信某个终极的、最高层次的、最基本的、无所不包的、能够解释一切的原理确实存在，而且，这种信念还被诉诸实践，爱因斯坦晚年付出了主要的精力，试图证明自己提出的"统一场论"，希望用这个理论解释一切物理现象。爱因斯坦没有取得最后的成功，还原主义者们却没有因此放弃自己的信念，他们坚信，人类的认识能力是无限的，统一场论是还原主义必然的逻辑结果，它终有一天会被证明。人类之所以还有很多问题没有找到答案，其原因不过是技术性的，而非根本性的，在理论上，一切都有确定性的答案，发现这些答案只是时间的问题。那些对此持怀疑态度的人被还原主义看作是反科学的，因为，反对还原主义的逻辑就是反对科学的基石，就是反对科学本身。

受自然科学的启发，在社会科学研究中，乃至在艺术与设计领域，还原主义的影响和应用也非常广泛。为了表现人体，艺术家需要研究解剖学，了解人体每一个构件及其结构关系，在此基础上，才有可能重新组装一个完整的人体。按照西方学院派的惯常做法，当一个初学者学习素描的时候，他首先要学习画一些最简单的石膏几何形体。因为，从素描教学的角度看，世界上不论多么复杂的物体都可以认为是由这些最基本的几何形体构成的。通过对几何形体的组合，画家就可以画出任何复杂的形体。人们津津乐道达·芬奇画蛋的故事讲的就是这个道理。

推而广之，人类社会也是有规律

图2-32：通过对几何形体的组合就可以画出任何复杂的形体
图片来源：[美] 罗伯特·贝弗利·黑尔.向大师学绘画·素描基础.朱岩译.北京：中国青年出版社，1998.21.

的，一些还原主义者认为，至少在理论上，还原主义的方法同样适用，个体的人可以看作家庭的细胞，家庭又可以看作社会的细胞，只要找到一些基本规律，在各个层次上，社会都可以得到解释。甚至人类社会的规律与物理领域的规律也没有绝对的界限，一个事件的发生有其原因，这些原因可以追究到所有当事人，每个当事人之所以做出导致事件发生的行为，又可以归因于他大脑做出的决定，而这些决定又离不开一系列大脑皮层发生的化学反应，这些化学反应在原子以及更微观的层次又要遵循物理学的法则。所以，还原主义是普适性的，从还原主义出发，就必然导致普适论（universalism）。

整体论与普适论不同，尽管二者单纯从字面上看有些相似。史末资（J.C. Smuts）在1926年首次提出整体论（整体主义）的概念，此前的泛灵论、目的论、神创论、活力论等反对还原主义的思潮事实上都被归入整体主义，有人把前科学的传统中医理论、反科学的神创论等理论也被当作整体主义。由于认识到还原主义的局限，机械论的世界观已经开始被质疑。那种万事万物都被预先确定、能够被预知的决定论观点开始被不确定性、随机性和混沌的观点所替代。现代科学开始有意避免孤立的、静止的方法，开始强调复杂性，强调各部分之间的相互作用和动态结构关系，开始接受系统的整体大于各部分之总和以及部分不是整体的原因这样一系列理念，当代科学从而具有了一种整

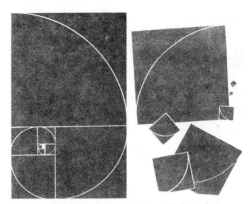

图2-33：事物是"一"还是"多"，是简单还是复杂
图片来源：[英]罗素.西方的智慧.崔权醴译.北京：文化艺术出版社，1997，16．

体主义的倾向。1977年诺贝尔化学奖得主、耗散结构理论创始人普利高津（Ilya Prigogine, 1917-2003）宣告了确定性的腐朽与物理学定律新表述的诞生，他写道："人类正处于一个转折点上，正处于一种新理性的开端。在这种新理性中，科学不再等同于确定性，概率不再等同于无知。"❶ 不论是哥德尔不完备性定理（incompleteness theorem），还是海森堡测不准原理（uncertainty principle），都在根本上瓦解了还原主义和决定论的根基。在生命世界里，是分子组合与运动产生生命还是生命引发了一系列分子的组合与运动，哪个是原因，哪个是结果？现在看来，这个问题似乎不像还原主义者所相信的那样肯定。

西方的还原主义传统机械地理解宇宙和生命，把人分解为灵魂与肉体，这种传统起始于古希腊，柏拉图就认为，神把理智放在灵魂里，又把灵魂放在了身体里。在这种理念指导下，科学家们进而把身体理解为分子、原子、细胞的组合，身体就成了一部由确定的因果关

❶[比]伊利亚·普利高津.确定性的终结.湛敏译.上海：上海科技教育出版社，1998.5．

系所决定的生物机器。虽然人们常常感觉一个生命体各部分加在一起的总和并不简单地等于生命的整体，但是，由于人们至今对于这个差别到底在哪里以及差别的原因是什么几乎说不出所以然。另一方面，当代生命科学的进展一再验证着还原论的有效性，这往往使人们不再去追问身体各部分与生命整体的关系，并沉浸在像上帝一样创造生命的畅想中。

2010年6月，国内外媒体广泛报道了美国生物学家克雷格·文特尔的研究成果：在实验室重塑"丝状支原体丝状亚种"的DNA，并将其植入去除了遗传物质的山羊支原体体内，首次合成由化学合成基因组控制的细菌——"辛西娅"（Synthia）。很多媒体称这是"首次合成人工生命"，有人因这个成果而更加坚信，人类早晚可以像组装电路一样组装新的生命形式。其实，这项成果只是"生命再创造"或"篡改生命"，还远远谈不上创造新的生命形式，因为辛西娅除了染色组是人工合成外，生命体的其他组分均来自既有的生命形式。人们的乐观还是显得有些太急切了。

在生命科学领域，虽然对于低层次元素的研究成果已经极大地推进，但是，从这些成果到对生命整体的认识之间仍然存在着巨大的鸿沟。即使科学家用先进的仪器捕捉到了发生在分子甚至原子层次的变化，或者发生在神经系统中的脉冲变化，也仍然不能解释某人为什么喜欢张三而见到李四就来气，或者为什么人们要从事一种叫做景观设计的活动。类似地，从景观元素的层面出发所进行的分析，并不能替代从整体的视角直接体验与理解景观，也无法解释更复杂的人与景观之间的互动关系。

不论是还原论还是整体论都面临着一些来自对方的质疑，这种论争以医学界最有代表性。

有一个故事讽刺了医学中的机械还原论，持有这种理论的医生把眼光局限在局部的器官和组织层次，头痛医头，脚痛医脚，对人体的内在关联视而不见：保罗左耳有点痒，就去找医生。医生给他吃了6粒青霉素，耳朵好了。保罗发现，这时腹部起了红斑，医生就用12粒金霉素治好了红斑。金霉素的副作用让保罗膝盖浮肿，医生就用32粒土霉素把浮肿治好。但土霉素毁掉了他的肾脏，为了挽救保罗，医生又用64针链霉素消灭掉他体内的所有细菌。与细菌遭到同样命运的是保罗的肌肉与神经系统。医生最后只得用氯霉素挽救保罗的生命，结果，保罗死于大剂量的氯霉素。到阴间后，保罗才搞明白，让他到上帝那里报到的是那只在他耳朵上叮了一口的蚊子。❶ 但是，害死保罗的果真是蚊子吗？

西医治感冒，离不开用抗生素杀死病毒。人们用越来越先进的技术制造出一代比一代强力的抗生素，从技术水平上衡量，古代的中医根本无法与当代医学相提并论。在古代，中医们根本就不知道什么叫病毒，它是通过调理人体，调动其自身的自组织能力来治病，而不必被动地应付病毒频繁的变异，因为，

❶ [美]威廉·贝纳德编著.哈佛家训.第2版.张玉译.北京：中国妇女出版社，2006.107～108.

人体本来就具备应对病毒变异的能力，否则，人类也不可能存在至今。事实也一再证明中医并非伪科学。尽管中医没有西方科学的理论基础，在2003年流行的SARS和2009年爆发的"甲流"中，中医中药就表现不俗。

现在看来，西方医学理论的确是有其局限性的，尽管其疗效是确实的。在整体地看待身体，看待身体与外在世界的关系方面，中医理论反而与当代科学的最新进展更加合拍。古代中医相信天人合一、天人感应，他们探索人体节律与四时变化的联系，提出了"子午流注法"等理论。而西医则把注意力放在肉体的实体构成上，像对待机器零件一样对待人体器官，肉体不过是遵循机械率的死物质的组合，灵魂、意识也不过是大脑中发生的一系列复杂的生物化学反应。西方对肉体疾患的医治长期以来是机械论主导的，它奉行"药丸加手术刀"，生命体内部的有机关联没有得到充分认识，人们对灵魂与肉体之间的相互作用在相当程度上仍然刻意地视而不见。有人甚至设想，把人体需要的各种营养元素制成营养剂的形式，按照人体需要进食，以此取代饮食，这样，既不会营养过剩，又不会缺乏，就可以保证人体的健康了。理论上，这种做法或许不错，但是，吃饭和吃药的区别恐怕不只是有关营养的问题，且不说饮食文化，就是享受美食的过程恐怕也不是任何人愿意放弃的。毕竟，人和消耗能量的机器是很不同的。

比利时艺术家温·德尔沃伊设计了

一个叫做《Cloaka》的装置作品，这是一台造粪的机器。作品在纽约的新美术馆展出时，工作人员每天从隔壁的快餐店端来面包和啤酒放入机器中，机器里预先装入胃酸之类的消化液，于是，机器开始模仿人体的生理过程，按照人体摄入、消耗、分解食物并最终排出体外的程序，用人工的方法成功地制造出了

图2-34：比利时艺术家德尔沃伊的装置作品《Cloaka》
图片来源：邱志杰.文化因为憎恨而发出恶臭——答《重要的是什么？》.重要的是现场.北京：中国人民大学出版社，2003.96.

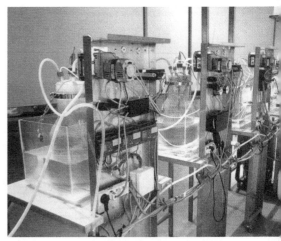

图2-35：比利时艺术家德尔沃伊的装置作品《Cloaka》
图片来源：邱志杰.文化因为憎恨而发出恶臭——答《重要的是什么？》.重要的是现场.北京：中国人民大学出版社，2003.97.

"人"的大便。在主张依靠营养元素生存的科学家那里，"人"已经被简化到这个装置的样子。正如柯布西耶声称建筑是居住的机器那样，在构思这个装置作品时，人被当作了新陈代谢的机器。

尽管西方已经开始对自己传统中的机械论进行反思，也开始认同中国传统中人与自然有机关联的理论取向，尽管20世纪70年代国际上时间生物学、时间医学研究形成了热潮，但是，具有讽刺意味的是，在80年代的中国乃至今天，还有很多学者批评基于整体论理念的中医"子午流注法"是神秘的唯心主义。陈寅恪先生评价中医"有可验之功，无可通之理"已经算是十分宽容的了，中医理论由于不能符合西医理论的体系而被否定，至于疗效则因为一再得到验证只能姑且承认。这或者是出于自虐的"逆向民族主义（reverse-racism）"，或者是一种因为缺乏科学上的宏大视野而导致的无知。毋庸讳言，古代的系统观与现代科学中的系统论还是有很大不同的。现代系统论是经过一个非整体论的过程之后，在更高层次上走向了系统思维，中国古代的系统观恰恰缺少了一个精密分析的环节，所以，在大量科学实证的数据面前，往往经不起检验，陷入神秘主义的怪圈，这是中医理论遭受诟病的一个主要原因。但技术上的缺陷不足以否定整体论的价值，也不足以更进一步否定整个中国文化。

另一方面，声称整体论必然高于还原论也是不全面的。其实，西方文明的早期也存在过整体论阶段，随着理性主义的觉醒，他们才从初级的整体论阶段进入还原论主导的层次。

人们往往粗略地把整体论与还原论分别归属于东西方两种文化，认为以中国文化为代表的东方文化倾向于整体论，而西方文化则总体上呈现还原论倾向。中国人提倡天人合一与西方人提倡天人分离，中国人的思维是系统思维，西方人倾向于机械论与形而上学，这几乎成了人们的共识。但东西方文化的区别不是绝对的，凡事难免有例外。古代中国人有一种观点认为，宇宙有大小宇宙之分，人是小宇宙，自然界是大宇宙，意大利的帕拉塞尔苏斯（Paracelsus，约1493-1541年）竟然也提出过同样的大小宇宙和天人合一思想，李约瑟因此认为他与中国的道家不谋而合。西方的星占学也认为人是一种小型的宇宙模型，因而，从星象变化就能占卜人的命运。帕拉塞尔苏斯之后不久的意大利文艺复兴时期的哲学家布鲁诺（Giordano Bruno，1548-1600）首次提出了单子论，认为每一个极小的单子就是一个小宇宙，能够反映大宇宙的无限性。17～18世纪的德国哲学家莱布尼茨（Gottfriend Wihelm von Leibniz，1646-1716）也提出同样的见解，他认为每一个单子都是整个宇宙的一面镜子。

虽然西方历史上曾有过一些与中国人相似的思想，但人们对东西方文化主要走向的判定基本上还是不错的。在古代中国，怀疑天人合一的声音是极为微弱的，可是，持类似想法的帕拉塞尔苏

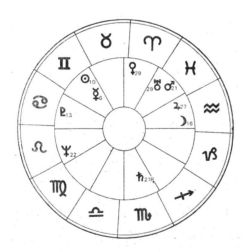

图2-36：作为小宇宙的人通过自然之链与他的创造者相连
图片来源：刘鹤玲.帕拉塞尔苏斯学说：西方文化传统中的天人合一.方法，1997(9)：13.

图2-37：一名1926年6月1日9：09在洛杉矶出生的妇女的星占图
图片来源：李秀莲等编译.世界四大预测学.石家庄：河北人民出版社，1994.50.

斯在西方却很难为主流思想所接纳，他在西方遭受的毁誉参半的境遇就足以说明两种文化的差异。

在掌握了现代科学这个强大的新工具之后，西方文明取得了决定性的进步，这个巨大的进步是有目共睹的。简单化地判定只要是整体论就一定高于还原论反而是缺乏整体论眼光的。西方文明中居于主导地位的还原论实际上是对原有的初级整体论的超越，而当代科学中出现的整体论取向是在更高层次上的超越，而不是向初级整体论的简单回归。相比之下，中国传统文化中的整体论则缺少这样的超越环节，也就因此无法使整体论的价值得到充分的实现。

在当代，东西方有一种殊途同归的趋势。中国主动地学习西方的科学，努力扫除自己文化中的神秘主义，西方也认识到机械论的局限和东方整体论的价值。西方一些学者对自己传统中的机械论世界观开展了激烈的批判，并主张一种生态后现代主义。经过客观的批判，找到了还原论和整体论各自的问题，也就有了拯救的希望。西方的科学成果不可能被否定，科学分析的方法也没有理由放弃，但必须在此基础上向更高层次的整体论迈进。

20世纪60年代末，英国的詹姆斯·洛夫洛克（James Lovelock）与莱恩·马格里斯（Lynn Margulis）提出具有明显整体论倾向的盖亚假说（Gaia hypothesis），他们认为，地球的自组织现象与有机体的生存机制如出一辙。以往机械论的单一因果观念在解释大自然的运作过程时捉襟见肘，自然环境与物种之间存在着一种复杂的互相适应、互相影响的关系。一方面，环境为物种提供生存的条件；另一方面，生物有机体的数量又调节着环境中的化学成分，以维持生命的存在。

在《真实之复兴》一书中有一段话明确地表述了对还原主义的否定态度："现代主义的建筑和设计靠着向毫无生气的最简单之物的粗暴还原，将自己从乡土中解放出来，成为真正世界性的、既不反映地方（place）也不反映文化的、纯粹否定性的自由意识形态。一些

图2-38：无声的盒子

图2-39：贝尔纳·拉叙斯的作品
图片来源：Bernard Lassus. The Landscape Approach. Philadelphia: University of Pennsylvania Press, 1998. 74.

国际化的摩天大楼以及诸如此类'无声的盒子'，几乎雷同得可以互相调换，已经完全摆脱了地方的限制。"❶ 尼科斯·A·萨林加罗斯把现代主义建筑设计中表现出来的还原主义叫做几何原教旨主义（geometrical fundamentalism），他认为，这种教条主义的方法应该为当代设计中人文因素的缺失负责，其成果从形式上看过于简单化，从建成环境与人的关系上看过于疏离，给城市结构、个体建筑与环境的人文素质都带来了灾难性的后果。❷ 在认识到还原主义的危害之后，设计师们开始寻求更具整体论倾向的设计理念。盖亚假说引起了景观设计学界的关注，那种把景观仅仅作为人类活动背景的想法受到了质疑，用还原主义理念设计与分析景观的方法受到挑战，景观设计中对整体主义的提倡也开始得到更多设计师的回应。比如，法国著名景观设计师贝尔纳·拉叙斯（Bernard Lassus）就以其整体性的、强调主体感知的、"创造性分析（inventive analysis）"的方法来反对把景观分解为元件的做法，❸ 这种方法既不同于以还原论为基础的机械分析方法，又不同于完全排除理性分析，单纯依赖直觉与感性的初级整体论，是一种突破还原论与初级整体论局限的有益尝试。

总之，尽管还原论有其不可克服的局限，却不妨碍人们通过把整体加以分解，进而在更低的层次进行更深入的研究，毕竟，这种方法极大地增进了人类对事物的了解，使人们不至于停留在直

❶[美]斯普瑞特奈克. 真实之复兴：极度现代的世界中的身体、自然和地方. 张妮妮译. 北京: 中央编译出版社, 2001. 30.

❷Nikos A. Salingaros, Michael W. Mehaffy. A Theory of Architecture. UMBAU-VERLAG Harald Püschel, 2006. 172.

❸Peter Jacobs. The Sensual Landscapes of Bernard Lassus. Bernard Lassus. The Landscape Approach. Philadelphia: University of Pennsylvania Press, 1998. 5.

觉的领域以及初级整体论的层次踯躅不前。基于还原论的分析手段与研究方法在每一个层次内部还是具有确实的有效性的，也正因为如此，在各自领域工作着的科学家们才能够卓有成效地解决各自的问题，科学研究工作也就能够在各个层次展开并取得切实的成果。所以，一方面，应该充分肯定在元素层次进行分析的意义；另一方面，还应该站在更整体的高度审视这种分析，避免局限于类似"建筑是居住的机器"或把人类的心灵等同于计算机那样的机械论立场，才有可能在元素分析的基础上走向更高层次的整体论。

第三章 景观元素和景观语言

JINGGUAN YUANSU HE JINGGUAN YUYAN

第一节 作为符号系统的景观语言

人们说话时经常使用比喻，也就是"打比方"。它是根据事物之间的相似之处而用一事物来说明另一事物，使用比喻的前提是两个事物既要不同，又要有相似之处。"比"字最基本的意思是把两个事物放在一起，二者于是就产生互相比对，找到了可比性，可比性是使用比喻的必要条件。在一个比喻句中，一共包含三个要素：被比喻的事物——本体、表达比喻关系的词语——喻词、用来打比方以说明另一事物的事物——喻体。使用比喻的目的不仅仅是为了把意思表达得更生动有趣，比喻往往还可以更明白、更准确、更形象地把本来很抽象、很深奥的想法传达给别人，甚至借助比喻还会使自己的意见更具有说服力。

历史上的大思想家大都善于使用比喻，如孔子、孟子、庄子、释迦牟尼、耶稣等，有些智者甚至认为，一些事物或观点，特别是那些高深的道理，如果不使用比喻是难以言传的，或者根本就没有办法说清楚。西汉刘向的《说苑·善说》中讲了一个故事，说的是有位宾客告诉梁惠王，惠子特别爱用比喻，要是不让他用比喻，他简直就不会

说话了。第二天，梁惠王就要求惠子有话直说，不要用比喻。惠子说："如果你向别人解释弹弓的形状，说它就像弹弓，他能明白吗？"梁惠王说："不能。"惠子说："要是换种说法，说弹弓的形状像一张弓，用竹子做弦，这样是不是就明白了？"梁惠王表示赞同。所以，惠子认为，"夫说者固以其所知，谕其所不知，而使人知之。"就是说，应该以人们所知道的东西打比方，来解释所不知道的东西，就很容易使人明白了。这也是卡西尔（Ernst Cassirer，1874—1945）所阐明的道理：要真正掌握任何一个符号系统，就必须把这个符号系统与其他符号系统作比较。

比喻不但有助于明确清晰地表达，而且还具有一般陈述句所没有的表现力和感染力，恰当地使用比喻，不论是明喻、暗喻（又称隐喻）还是借喻，都有可能把很平常的语汇点化成艺术，让人回味无穷。

也许有一天
太阳变成了萎缩的花环
垂放在

每一个不朽的战士

森林般生长的墓碑前

乌鸦，这夜的碎片

纷纷扬扬❶

北岛的诗歌《结局或开始——献给遇罗克》曾经感动了一代人，没有华丽的辞藻，没有咏叹呻吟，是或明或暗的比喻积蓄了力量。但是，有时候，判定一句话是不是比喻却不是想象的那么容易，人们往往不能明确地说清楚自己是否在使用比喻，也就是不能区分自己所说的某个事物在一个句子中是被作为本体还是喻体，抑或这个句子中根本就不存在本体和喻体。

在景观设计专业就存在这种情况。人们经常提到"景观语言"，但景观是语言吗？或者说景观有语言吗？"景观语言"的说法是比喻吗？"语言"这个词的使用非常广泛，它不仅局限于语言学范畴。类似地，人们还经常提到设计语言、建筑语言、绘画语言、音乐语言、舞蹈语言、肢体语言等等，这都是在使用比喻吗？对这些使用频率很高的字眼如此发问并认真反思的人其实是不多的。

远在景观设计专业诞生之前，在建筑设计领域就已经有人尝试使用"语言"概念，这至少可以追溯到古罗马的维特鲁威。维特鲁威在其著名的《建筑十书》中提到多立克式、科林斯式以及爱奥尼克式建筑的表意功能及其运用，只是，他并未明确提及"语言"概念。❷ 到了18世纪，德国建筑理论家莫里茨开始明确使用

"建筑语言"这个说法。❸ 应该说，景观设计领域引入"语言"概念与"建筑语言"的研究是不无关系的。

美国宾夕法尼亚大学教授安·维斯顿·斯本（Anne Whiston Spirn）的《景观的语言》（The Language of Landscape）一书是明确地把景观当作语言，并在此基础上对景观展开研究的一部很有代表性的著作。类似地，马修·波提格（Matthew Potteiger）和杰米·普灵顿（Jamie Purinton）的著作《景观叙事：讲故事的设计实践》（Landscape Narratives: Design Practices for Telling Stories）把景观看作一种叙事，景观设计被当作一种类似用语言讲故事的活动，这种做法同样是起始于把景观当作叙事语言这个前提。

斯本在《景观的语言》中用一种简洁有力的口吻断言："景观是语言"，并且，"景观的语言是我们的母语"。作者认为，说景观的语言是人类的母语，是因为不但早期的书面语言与景观很相似，而且，口头语言、数学语言和图形语言等也是来自景观语言。至于她判定景观是语言的理由则是由于景观具有语言的所有特征，作者用了大量的篇幅罗列景观与语言的这些相似之处，例如：

景观的形状、结构、材料、构造、功能等可看作语言中的词汇和短语的等价物；像语言一样，景观的形成还受语法的支配；在特定的语境中，景观的元素会承载意义，这与语言表情达意的功能也是一致的；言语的文本与景观语

❶北岛.北岛诗歌集.海口：南海出版公司，2003.26.

❷[古罗马]维特鲁威.建筑十书.高履泰译.北京：知识产权出版社，2001.14.

❸[德]汉诺-沃尔特·克鲁夫特.建筑理论史——从维特鲁威到现在.王贵祥译.北京：中国建筑工业出版社，2005.191.

言都是嵌套的：词汇嵌套于句子，句子嵌套于段落，段落再嵌套于章节，同样地，在景观中，树叶生于枝条，枝条长在树上，树木归属于森林；诗人们从景观中寻找结构、韵律、隐喻，景观设计师也在做同样的事情；海德格尔把语言称作存在的居所，景观的语言是人们真正的栖居和存在之所。她还按照语言中的词性分析了景观语言，认为，景观中的石头、水、动植物与人工构筑物是名词，这些材料的形状、色彩、线条、质地是形容词和副词，正如名词、形容词、副词等的组合构成句子、文章和书籍，景观中的名词、形容词、副词组成了景观的语言。❶

斯本对于景观和语言的类比应该说是很充分的，不过，很可惜，类比终究是类比，她的论述只是证明了两者的相似性，这种相似性不能看作二者之间的等同。要断定一个事物是否就是另一事物，应该看它是否符合该事物的定义，

❶Ann Whiston Spirn. The Language of Landscape. Yale University Press.2000. 15~18.

❷张清源.现代汉语知识辞典.成都：四川人民出版社. 1990.1.

图3-1：景观的语言是人真正的栖居之所

而不是看两个事物之间有多么相似。特征上的相似性不等于本质上的相同。这就好比人们可以很容易地找出人与猴子的许多相似之处，但人与猴子肯定是不同的动物。相似性不过是使用隐喻或象征的前提。因此，判定景观是不是语言，最直接的方法是看它是否符合"语言"的定义。

根据《现代汉语知识辞典》，狭义的语言又称"自然语言"，是凭借人的发音器官发出的语音所构成的人类特有的符号系统。语言由语音、语义和语法组成。广义的语言则是人类所创造和使用的表达交换信息的符号系统。广义的语言包括狭义的"自然语言"。❷ 符号可以是语音构成的自然语言，也可以是图像、声音、身体的姿势等，语言就是对这些符号的使用，因而，语言学就是符号学的一部分。在用图形符号记载语音之前，以人类发音为载体的语言早已存在，后来人类发明了文字，文字的很大一部分功能是记录口语的读音，即使像汉字这样的象形文字，也同样要具备读音。语言是人类的创造，而非大自然的产物。

相比较之下，景观很难符合"语言"狭义的定义。景观不是人造的用于记录口语的符号；景观中虽然包括声音元素，但景观的材料远不止于此；景观同时诉诸视觉、听觉、触觉、嗅觉、味觉，并承载人的活动；景观可以是自然的，也可以是人工的……斯本能罗列出多少景观与语言的相似之处，这里就能列出同样数量的条目用于指出二者的不

同。如果狭义地理解语言，那么，斯本的立论充其量不过是证明，景观与语言具有很多相似性，因此，就可以用语言作譬喻来阐释景观。事实上，在《景观的语言》中，她也是这么做的。借助语言这个系统去解释另外一个系统——景观，实在是"以其所知，谕其所不知，而使人知之"的一个绝好范例。

现代符号学理论把人类所有的文化现象都看作符号系统，包括口头和书面两大类别的语言只是这些文化现象中最典型的一种。按照这种宽泛的视角，景观作为人类的文化现象自然也算得上一种语言，这是对语言的广义理解，"景观语言"的说法也就不再是比喻了。从广义上看，非但景观是语言，一切艺术都是语言。被称为"建筑诗哲"的美国现代建筑大师路易斯·康（Louis Isadore Kahn，1901-1974）用诗一样的语言说出了很多人不曾意识到的真相："艺术在有法语、德语之前已经是人类的语言。也就是说，人的语言是艺术。它是由某种从需要从存在的愿望，从表达的愿望所生成的东西中滋生出来的，以物质所肯定的表征来从事艺术活动。""我们活着就要表达。存在的整个动力就是要表达。自然所给予我们的是表达的器具，即我们自身，就像一件可以演奏精神之歌的乐器。"❶ 人需要表达，这表达不只是出于实用目的的信息交流，它是人对自己存在的领悟，并且，表达就是人的存在状态。

从交流的角度看，人类依靠共享的符号系统传达信息，按照符号学理论，

信息的发送方把要传达的信息按照符号系统的规则进行编码，信息的接收方再依靠同样的规则对经过编码的符号进行解码，还原为自己能够理解的信息，从而达到信息交流的目的。解码后与编码前的符号越接近，信息还原就越充分，交流也就越成功。同样，景观的设计过程以及人们对景观的感知和理解过程中，也发生着信息的表达与交换。因为，景观不是与人文因素相剥离的纯粹物质性环境，景观在人与环境的关系中存在，它对于人是有意义的，人们解读景观的过程就可以理解为一种对符号进行解码的过程。由于景观的丰富性，它既可以被作为一种图像符号，也可能是一种声音符号，还有，景观中的气味、质感、色彩、运动等表象，都可以诉诸

图3-2：自然所给予我们的是表达的器具，即我们自身，就像一件可以演奏精神之歌的乐器

图3-3：巴黎雪铁龙公园中以不同色彩为母题的小园子

❶[美]路易·康.静谧与光明——路易·康于瑞士苏黎世理工学院的讲演（1969年2月12日）.李大夏.路易·康.北京：中国建筑工业出版社，1993.115～116.

人的感官并被领会为有意义的符号，这些符号构成的景观整体就是一种符号系统。

对语言符号的编码和解码不只是具有信息交流的功能，很多长期被人忘却的信息还有可能在符码的破解过程中被重新发现，这往往是一件非常有意思的事情。16世纪西方思想家试图由神学沿承的脉络中寻找创造（creativity）的本义，并阐发"上帝创造"与"艺术创造"的联系，在这个过程中，诗歌与艺术创造的原始关联也被揭示了出来。《旧约全书》的第一句是"起初，上帝创造天地"，当公元前3世纪这句话被翻译成希腊文时，"创造"被译作poiein，而poiein正是诗歌（poetry）的词源。公元405年，哲罗姆把希腊文《圣经》译成拉丁文时，"创造"被译作creare，英文的"创造"（create）即源于此。这样，在语言中，作为艺术创作活动的诗歌写作与神创造世界之间的关联被重新建立了起来，诗歌这种语言艺术与其他艺术种类共同的本质——创造——也在这个关联中被凸显了出来。❶如此说来，海德格尔所说"一切艺术本质上都是诗"在词源学上也是能够找到依据的。

海德格尔说："凡艺术都是让存在者本身之真理到达而发生；一切艺术本质上都是诗"，但是，如果认为一切艺术都不过是语言艺术的变种，那就错了。虽然语言是信息的载体，是传达信息的符号系统，但是，作为艺术的语言却不仅仅是符号学所理解的那种信息传

达手段。海德格尔或许并未从神学传统的角度考察过诗歌、创造、艺术等词汇的初始关联，但是，他同样洞察到它们之间在本质上的关联。他认为，艺术的本质是一种"诗意创造"（dichten），它使"一切惯常之物和过往之物通过作品而成为非存在者"，通过在作品中发生的转变，使事物获得迥然不同的状态，让存在者进入"敞开领域"，得以显现，从而，真理在艺术作品中得以发生。这种显现，就是美。在没有语言的地方，在无生命的世界以及有生命却没有语言也没有存在之思的世界里，比如，在石头和动植物的世界里，这种敞开性原本是不存在的。作为景观元素的石头、植物、水体只是景观的质料，它们自己没有语言，不会"道说"（die Sage），尚未获得景观的形式，也就还谈不上被纳入形式与质料的统一体，也就谈不上成为景观艺术，谈不上景观的美。因为，"美依据于形式，而这无非是因为，形式（forma）一度从作为存在者之存在状态的存在那里获得了照亮。"❷因此，只有当景观的质料被纳入景观语言的体系，开始用景观语言"道说"的时候，景观才诞生了。

景观是语言，却不仅仅是一个记录和传达信息的符号系统，也并非所有被用作符号并有效传递信息的景观元素都可以构成景观。在抗战题材的老电影《鸡毛信》中，抗日小英雄海娃发现鬼子出动就放倒"消息树"报警，在那个语境中，那棵"消息树"就不是景观，也不是一个从属于某个景观设计作品的

❶ 邵宏.美术史的观念.杭州：中国美术学院出版社，2003.98.

❷ [德]马丁·海德格尔.艺术作品的本源.孙周兴选编.海德格尔选集.上海：三联书店,1996.292～303.

图3-4：只有当景观的质料被纳入景观语言的体系，开始用景观语言"道说"的时候，景观才诞生了

景观元素，而是与语音所构成的狭义语言一样，被当作传达信息的媒介，它是纯粹功能性的符号。它的作用就如同交通信号灯，当灯光的色彩被用来传达指令的时候，行人关注的只是它传递的信息，而无暇顾及其色彩搭配，更不会想到要像面对一件艺术品那样去寻求审美愉悦。作为艺术，景观设计把一定的形式赋予景观质料，原本不会说话的石头、植物、水体等物质元素就成了设计师"诗意创造"的语言材料，设计师诗意地言说，景观就成了诗，从而，各种物质材料就不再是一些元素的无意义组合，它们通过设计获得景观的形式，也就同时获得了景观的本质。

第二节 景观叙事与符号的滥用

符号学由句法学（syntax，也叫符构学）、语义学（semantics，也叫符义学）、语用学（pragmatics，也叫符用学）三部分组成。按照传统的语法理论，以词为界，语法可分为词法和句法两大部门，词法研究词的范围内的语法形式和语法意义，是关于词的构成、变化和分类的学科；句法则是研究词与词的组合，分析词组和句子的结构、类别、功能等的学科。用语音符号和文字符号构成的狭义语言都有自己的词法和句法，不论某一地方语种属于哪个语系，也不论是否有人对它的词法和句法进行过理论上的归纳梳理，语言的使用者同时也必然都是词法和句法的实践者。词法和句法是在不同的层次研究符号的形式构成规律。句法学是一种研究语言形式的形态学，它以符号自身以及符号之间的结构关系为研究对象，研究语言本身的自治性法则，它不涉及语言的意义；语义学主要研究各种符号所传达的意义以及传达意义的方式，即研究符号形式与意义的关系，或者说能指（signifier）与所指（signified）的关系，就狭义的语言来说，能指与所指的关系就是指的声音与概念的关系；语用学则主要研究符号的起源、使用、作用、符号与其使用者的关系，涉及符号系统与人的关系，与语用学密切相关的是使用符号的主体和符号所处的语境。

语言一经被人使用，就会产生意义，并且，同样的语言在不同的人那里会有不同的意义。同样，任何人身处一处景观都不可避免地产生体验，领会到意义，甚至产生联想，景观不可能与意义完全剥离。但是，把景观语言等同于文学语言，过分强调景观语言的语义学，牵强附会地试图在任何景观形式、景观要素中都要找到说法、寻找意义甚至读出故事的做法则是对符号学的机械套用和僵化理解，特别是对语义的滥用。

在建筑界，为了反对不着边际的、肆意泛滥的语用学及其导致的庸俗化，布鲁诺·赛维（Bruno Zevi，1918—2000）断然否认建筑中语义的存在。勃兰地（Cesare Brandi，1906—1988）甚至干脆反对把符号学引入建筑研究，以拒绝在建筑上没有节制地寻找意义和故事的做法。彼得·埃森曼（Peter Eisenman，1932— ）认为，句法学所关注的语词之间的结构关系是一种更本质、更观念的联系。他试图在其建筑设计中用句法学取代语义学及其意义，把建筑看作由建筑构件构成的记号（notation）系统。他强调这个记号系统的内在性（interiority），即一种尚未被社会化或历史化的自治，内在性中不存在能指和所指的二元关系，它是"一元的（singular）"。也就是说，如果用符号学来理解，内在性就是单纯的能指本身，它与符指无涉，具有自律的性质。尽管这些建筑师的态度有些过于绝对，甚至有些矫枉过正，但

图3-5：彼得·埃森曼的作品：历史"遗址"纪念馆
图片来源：C3设计·彼得·埃森曼．杨晓峰译．郑州：河南科学技术出版社，2004，183.

考虑到随处可见的对符号学的庸俗化套用现象，他们的立场还是应该引起景观设计界反思的。

景观是诗，但不是叙事诗。如果把景观元素看作"消息树"，把景观当作讲故事的手段，企图让景观发挥狭义的"自然语言"的叙事功能，就让景观勉为其难了。尽管景观和景观元素都可能具有象征意义，在特定情境中会被读出各种含义，从而成为一种表意符号，但是，简单地把景观等同于语言文字，就抹煞了景观的本质，这无异于取缔景观。正如阿多诺（Theodor W. Adorno，1903—1969）所说："艺术，为了成为追随自身形式法则的艺术，必须首先拥有自治的形式。"❶ 景观有其特有的语言和自治的形式，这是景观之为景观的必要条件。

这个道理说起来也不难理解。以音乐为例，有人在听音乐的时候拼命调动自己的想象力，试图听出各种场景，比如小河流水、风吹杨柳、惊涛拍岸之类

❶Theodor W. Adorno. Functionalism Today. In: Neil Leach(ed.). Rethinking Architecture: A Reader in Cultural Theory. London: Routledge, 1997.16. 转引自：冯路.表皮的历史视野.建筑师，2004（8）：6~15.

的，甚至还根据标题想象音乐中可能隐藏的故事情节。殊不知，即使是标题音乐，也只是把场景或情节作为一种借口和线索，顺着这线索展开音乐语言的倾诉。故事在音乐中不是必需的要素，因为，讲故事不是音乐力所能及的。如果一个人从来没听过梁山伯与祝英台的故事，他无论如何也不可能在欣赏完小提琴协奏曲《梁祝》以后就可以把那个流芳千古的爱情故事讲给别人听。不是他的悟性不够，而是因为，音乐本身不足以把那个故事的来龙去脉讲清楚。小提琴的声音与说话的声音同样都是声音，但是，两者却不能互相转译，它们有各自的语言和自治形式。

还有人试图从绘画中读故事，这在很多时候比听音乐猜故事容易成功，因为，有的画家也在试图用绘画讲故事，他们把绘画当作文学。最典型的文学性绘画是俄罗斯的革命现实主义绘画，这种风格的绘画曾经因为意识形态的缘故被树为正统，供中国画家学习。为了讲故事，这种绘画特别强调典型性，人物、场景、动作都要足够典型，以便最大限度地传达信息。通过把不同时间发生的故事情节并置在一起，历时性的事件被强行压缩进一幅画面，再配合必不可少的标题，绘画还确实勉为其难地讲开了故事。不过，不论怎么看，这种绘画都太像小说里的插图，由于没有文字相配合，如果观众对画中的故事没有充分的知识准备的话，往往还是不知画家在表现什么。为了使图像能够克服共时性的"局限"，增加其历时性的特征，

图3-6：故事在音乐中不是必需的要素

图3-7：离开说明文字和必要的历史知识，即使有标题，要读懂列宾的《查波罗什人写信给土耳其苏丹》中的故事恐怕不是易事
图片来源：http://www.xqyz.net/tyzl/imge/414398-11-embed.jpg

图3-8：配以文字脚本或加上泡泡注的连环画
图片来源：蔡志忠编绘.漫画儒家思想.下册.北京：商务印书馆，2009.193.

人们创造了连环画，让读者按照一定的顺序一个一个地了解先后发生的情节。为了借助书面语言的叙事功能，连环画被配以文字脚本或加上泡泡注（bubble note），图文对照，互相补充，故事就容易说清楚了。只是，这里面文字所起的作用经常要大于绘画。

为了阐明绘画与对象之间的关系，美国艺术史家克莱门特·格林伯格（Clement Greenberg，1909—1994）引入了"透明"概念。按照他的观点，以前的写实绘画中，画布和颜料被当作透明的，透过画面上的颜料，观众关注的是绘画所描绘的外在形象，绘画不过是一层透明的玻璃，观众"透过对象——表面去偷看非其自身的东西（what is not itself）。"❶ 画面本身的价值被尽可能地忽略，被描绘的对象才是最重要的，画家的任务是在平面上制造一种三维空间的错觉，能让人忘掉形式和技巧而极尽模仿之能事的绘画才被当作好的作品，绘画不过是一种欺骗视觉的魔术。正因为绘画堕落成了骗术，柏拉图把画家逐出了他的理想国。按照模仿说，画

面越"透明"，创造的幻觉越真切，就越是好画，如此一来，人们在欣赏艺术的时候实际上是在远离艺术本身，模仿说造成了写实绘画难以摆脱的悖论。现代抽象艺术则是不透明的，绘画的目的不是描绘其他对象，画面本身就是目的，观众感知的也只是画面本身，而不必透过画面再寻找外在的对象。有些人试图在抽象绘画上寻找形象与意义并在一无所获之后宣称自己"看不懂"，这是由于他们不懂得现代抽象绘画的不透明性，他们所说的"看不懂"实际上是看不"透"。

在1939年发表的论文《前卫艺术与庸俗文化》（Avant—Garde and Kitsch）中，格林伯格曾假设，如果让一个没文化的俄国农民从两幅画中判定自己喜爱哪一幅，这两幅画一幅是俄国画家列宾的，一幅是毕加索的，他会选择列宾，因为看懂列宾的画不需要任何努力，列宾为观众提供了一条捷径，不需要对造型语言的任何理解能力，观众就能毫不费力地"看懂"。农民愉快地发现，"它讲了一个故事"，❷ 于是心领神会甚至于被感动。其实，这种感动同样可能发生在一个有文化的人身上，一个多愁善感的文人乃至画家面对俄罗斯现实主义画家苏里柯夫的油画《近卫兵临刑的早晨》或《女贵族莫洛卓娃》可能会被感动得流泪。据廖静文女士撰写的《徐悲鸿一生》讲，大画家徐悲鸿就曾在德拉克洛瓦的名作《希阿岛的屠杀》面前痛哭失声。人都是有感情的。不过，这里需要搞清楚，感动这些观众的

❶[美]克莱门特·格林伯格.论自然在现代绘画中的角色.艺术与文化.沈语冰译.桂林:广西师范大学出版社，2009.212.

❷[美]克莱门特·格林伯格.前卫艺术与庸俗文化.易英译.易英主编.纽约的没落.石家庄：河北美术出版社，2004.1～25.

图3-9：现代抽象艺术是不透明的：孟彤作品《柏孜克里克》

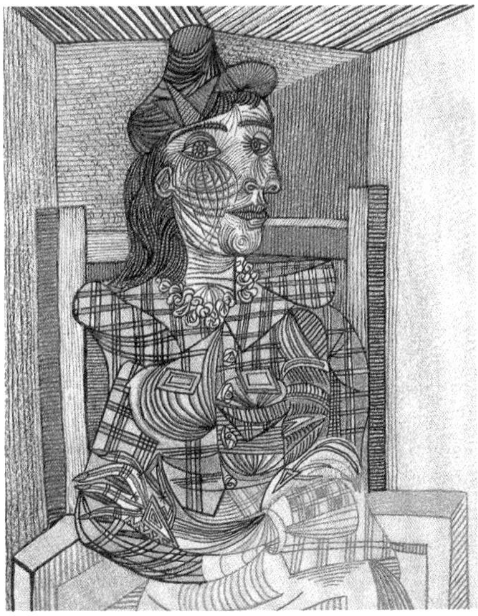

图3-10：毕加索的油画
图片来源：Matilde Battistini. Picasso.
Milan: Archivo Electa, 1999.117.

图3-11：苏里柯夫的油画《近卫兵临刑的早晨》
图片来源：http://www.china-review.com/uploads/
10082601image003.jpg

图3-12：德拉克洛瓦的名作《希阿岛的屠杀》
图片来源：http://www.art-here.net/uploadfiles/
200509/20050914204005212.jpg

到底是画中那个场景，那个故事，还是艺术本身的语言与品质，看懂了故事，并不意味着他们对艺术有同样的领悟能力和鉴赏水准。

在美术馆，经常会碰见一些解说员为观众讲解艺术作品，其内容大多是艺术家的生平、流派、作品创作年代等背景知识，如果是"现实主义"的作品，讲解员可能还要绘声绘色地讲述作品中所表现的故事，有的观众在欣赏作品时也特别关注作品下面的标签，或者努力给作品在自己既有的艺术史知识信息库中对号入座。可是，即使观众对这些信息了如指掌，也不意味着他看懂了作品，因为这些信息并不直接涉及作品本身的艺术语言，也就是没有能够用艺术特有的语言对作品进行有效的回应，因而，在艺术本体层面的对话与反馈并没有发生，观众与艺术家不过是在用不同的语言自说自话。

与音乐或抽象绘画一样，景观设计作品具有一定的不透明性，或者说，它的透明性是有限度的，至少相对于叙事来说是如此。景观不可能代替电影，也不可能代替小说或诗歌，以景观特有的语言和自治的形式是无法胜任讲故事任务的。海德格尔明确否定了一切艺术都是语言艺术的变种这样的看法，他指出，一切艺术本质上都是诗，这实际上是说，艺术都是"诗意创造"。并且，他所说的艺术使"一切惯常之物和过往之物通过作品而成为非存在者"，也可以理解成对艺术不透明性的又一种表述。由于作品的不透明性，惯常之物在作品中不再存在，观众只见到作品，而且，他也只应该看见作品。

柯林·罗（Colin Rowe，1920—1999）和斯拉茨基（Robert Slutzky，1929-2005）1956年出版了论文集《透明性》（Transparency），"透明性"概念得到了更深入的阐释。论文集把透明性分为字面的透明（literal transparency）与现象的透明（phenomenal transparency），也就是物理层面的透明和现象学层面的

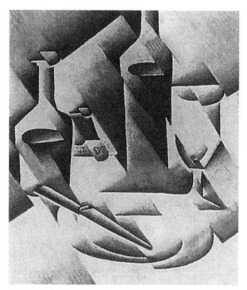

图3-13：格里斯的静物画为了突出网格现象学的透明而牺牲了玻璃材质的物理透明性
图片来源：[美]伯纳德·霍伊斯里.作为设计手段的透明形式组织.柯林·罗，罗伯特·斯拉茨基.透明性.金秋野，王又佳译.北京：中国建筑工业出版社，2008.31.

图3-14：建筑立面上体现的透明性

❶[美]伯纳德·霍伊斯里.作为设计手段的透明形式组织.柯林·罗，罗伯特·斯拉茨基.透明性.金秋野，王又佳译.北京：中国建筑工业出版社，2008.85.

透明两大类。字面的透明是诸如物质本身能被光线穿透那样的物理性质，如水或玻璃的透明性；现象的透明则存在于人的知觉和理解中，是人对于不同层面事物之间关系的一种把握方式，一种洞悉事物内在关联的能力，也可以认为是事物之间存在的一种图层叠合的组织关系，在这种叠合中，各图层共有占有的公共部分不但共同存在，相安无事，而且，它们还能够不受损失地同时被感知。在文集《透明性》中，广义的透明性概念被如此表述："在任意空间位置中，只要某一点能同时处在两个或更多的关系系统中，透明性就出现了。"❶

柯林·罗和斯拉茨基提到的一幅格里斯的静物画中出现了一些从物理属性上说是透明的玻璃器皿，也出现了一些从现象学上看是透明的网格关系，这些倾斜的与垂直的网格为几个不同层次的浅层空间所共有。有趣的是，为了突出网格的透明，画家牺牲了玻璃材质的物理透明性。

与格林伯格不同，柯林·罗和斯拉茨基在讨论绘画中的透明性时主要是就绘画本身的形式处理手法与空间层次之间的关系展开讨论的，至于绘画语言与表现对象的关系则不是他们讨论的重点。

由于一些人对艺术语言相对于外在对象的透明性抱有过分的期望，艺术往往承担了太多的责任，艺术的语言也被任意解读、滥用、忽略甚至贬低，艺术本体之外的东西反而成了人们关注的主要对象。拿景观来说，那种试图透过景观去寻找景观外面或后面的故事的做

法，实际上是把景观等同于文学，这种倾向往往是导致景观设计庸俗化以及对景观作庸俗化解读的一个原因。

在《前卫艺术与庸俗文化》中，格林伯格指出了艺术中的文学倾向与媚俗的联系，"kitsch"这个德语词汇被他用来指称消费文化中的低级趣味，它渗透在通俗化和商业化的文学艺术、杂志封面、插图、广告、通俗杂志、黄色小说、卡通画、流行音乐、踢踏舞、好莱坞电影中，欣赏这些东西不需要太多的教养和智力，因为它们很通俗直白。庸俗文化依赖于完全成熟的文化传统，它只需简单地"从中借用发明、窍门、计谋、凭经验获得的规则以及主题"，经过对文化传统加以花样翻新的剽窃和庸俗化，庸俗文化就被生产了出来。格林伯格认为，前卫艺术与现代主义艺术是对资本主义文化宣传的抵抗，能有效地避免与消费文化相伴而生的媚俗。一些艺术作品用插图的手法精确描绘外在世界或者讲故事，而绘画语言本身的艺术性却大打折扣，就成了人人都能"看懂"、都能消费的媚俗之物，而抽象艺术取缔了形象与情节，只剩下艺术语言本身成为唯一能够感知的对象。❶ 这种对艺术语言的纯净化是从庸俗化中拯救艺术的一个策略，格林伯格的逻辑是，艺术如果要想把自己从一种低级的娱乐中拯救出来，那么，它就必须能够证明自己所提供的那类经验本身就是有价值的，这种价值不需要借助其他的东西来获得。艺术语言纯净化的结果是让那些习惯了在作品中寻找故事的观众无所适

图3-15：媚俗之物：福禄寿三星的形象被用于建筑设计，并获得吉尼斯世界纪录中"最高的象形建筑"称号
图片来源：竹前．廖伟棠．大像有形．视觉21.2002（7）：37.

图3-16：媚俗之物

从，他们只能抱怨"看不懂"。

景观设计中同样存在类似的媚俗现象，在这些媚俗的设计中，景观语言被生硬地用作了图解手段。有些设计师不是从景观语言本身寻找突破，而是任意使用所谓的文化符号，从文化传统中借用主题与形式，一说要体现中国文化，就把青龙白虎、五行八卦、红双喜、中国结之类的符号直接搬用在设计中，似乎只有这样才能赋予景观文化内涵。澳大利亚的PTW and Cox Richardson JV事务所与国内某设计院联合设计的北京奥林匹克公园村（Beijing Olympic Green Village）的平面布局按照双喜字的形式布置，奥运村被命名为"双喜社区"，据说体现了"中国千年传统的吉祥韵味"。这种对文化符号简单搬用、剽窃和庸俗化的做法也不是完全没有逻辑，

❶ [美]克莱门特·格林伯格.前卫艺术与庸俗文化.易英译.易英主编.纽约的没落.石家庄：河北美术出版社，2004.1~25.

图3-17：北京奥林匹克公园村平面布局按照双喜字的形式布置，据说这样就体现了中国文化
图片来源：http://curbednetwork.com/cache/gallery/3116/2776292738_163ca01ec1_o.jpg

图3-18："古都疯帽"

❶[美]文丘里，布朗，艾泽努尔编著.向拉斯韦加斯学习.修订版.徐怡芳，王健译.北京：知识产权出版社，中国水利水电出版社，2006. 153~160.

❷张绮曼主编.室内设计经典集.北京：中国建筑工业出版社，1994.23.

❸黄河清.应当绞死央视新楼建筑师？——中央电视台新大楼中标建筑方案质疑.文艺报.2003.08.23.

义建筑在摒弃建筑上的装饰物的时候，反而把建筑本身建成了一个巨大的装饰物——鸭子。现行的现代建筑的象征主义内容很愚蠢，它企图通过建筑进行语言交流，结果是设计出来成批的"死鸭子"。文丘里主张，"要摒弃那些混乱的建筑表现主义以及想在形式语言之外建造建筑的错误想法"，❶ 因为，这些鸭子不仅昂贵、做作，而且往往是一种典型的媚俗之物（kitsch）。

类似"鸭子"的作品很容易找到。日本建筑师山下和正（Kazumasa Yamashita）设计的京都人脸住宅把建筑设计成了一张巨大的人脸；上海博物馆把鼎的形象稍作处理就改造成了建筑；北京的国家图书馆新馆造型的灵感来自几本摞在一起的书。新理性主义建筑师里昂·克里尔（Leon Krier）给这类建筑起了很多外号，如西柏林议会厅是"怀孕的牡蛎"，卢森堡欧洲议会方案是"乌鸦"，纽约联合国总部是"发报机"。❷ 法国建筑师兼记者特莱蒂亚克在他的著作《应当绞死建筑师吗？》中为巴黎的新地标拉德芳斯、拉维莱特、国家图书馆也起了绰号："一个立方体（大拱门），一个圆球（拉维莱特），一张四脚朝天的桌子（国家图书馆）"。❸ 中国人在这方面表现得更有才华，有时也更为尖刻，汉语的魅力在一些顺口溜中体现得淋漓尽致，"鸭子"建筑成了人们不无恶意的消遣对象，构成了民间口头文学的一大景观。杭州市政府大楼的造型是顶部尖尖、中部透空、正门斜开，被杭州市民归纳为："削尖脑袋，

只是这种逻辑不是设计语言本身的逻辑，而是一种对语义学加以滥用的混乱逻辑。这种逻辑的混乱在当年北京一窝蜂地给现代风格建筑加上古典大屋顶以"夺回古都风貌"的做法中表现得淋漓尽致，其结果是专业人士和百姓都不买账，戏称之为"古都疯帽"。

给建筑起外号的现象在世界各地都有。后现代主义建筑师罗伯特·文丘里在《向拉斯韦加斯学习》中把那种摒弃装饰但是其本身就是一个巨大符号的现代主义建筑称作"鸭子"，而把那种在空间和结构体系之外附加上独立装饰的建筑叫做装饰过的棚屋。当现代主

挖空心思，表面清白，两面三刀，后门大开，旁门左道"。被百姓戏谑为"大裤衩"的央视新大楼又被另类解读为："姿态是下跪的，形式是扭曲的，内容是空洞的，表面是奢华的，立场是倾斜的，思路是混乱的。"在民间，类似的建筑评论还有很多，这种口头文学不一定都有道理，有的还不乏恶意甚至敌意。被嘲讽的设计师和建筑的主人一定会感觉很无辜，很无奈，可是，谁让这些"鸭子"为民间的"创作"提供了素材呢？

当然，语义学的滥用并非景观设计庸俗化的唯一根源，对景观形式语言的使用也有雅俗高下的差别。以色彩为例，即使在没有附加上任何叙事情节或所谓文化信息的情况下，色彩本身的选择也能体现设计师的趣味。人们经常评论某个作品的色彩"艳俗"，这与其色彩的象征意义往往并无关系，因为色彩

图3-20：大拱门拉德芳斯

图3-21：一个圆球：拉维莱特公园的科学城（Cité des Sciences de la Villette）
图片来源：李迪华

图3-19：日本建筑师山下和正设计的京都人脸住宅
图片来源：刘先觉主编.现代建筑理论——建筑结合人文科学自然科学与技术科学的新成就.北京：中国建筑工业出版社，1998.图9-44.

图3-22：法国国家图书馆

图3-23：杭州市政府大楼
图片来源：http://commondatastorage.
googleapis.com/static.panoramio.com/photos/
original/8574386.jpg

图3-24：新央视大楼

图3-25：景观形式语言的使用也有雅俗高下的差别

本身就足以给感官与心理提供"艳俗"的体验。所以，即使没有刻意在景观设计中附会上某种语义，也不能保证设计必然获得比较高级的品位，设计师在景观形式语言方面的素养也是决定设计水准的一个关键因素。

❶[英]阿雷恩·鲍尔德温等.文化研究导论（修订版）.陶东风译.北京：高等教育出版社，2004.418.

如果说把景观语言用作图解手段，在设计中搬用红双喜、中国结之类的符号是某些设计师有意识的追求，那么，大众对设计作品幽默的解读则是设计师们所始料不及的。这里发生的可以认为是编码与解码的错位或失效，不客气地讲，这实际上是人们利用符号传达信息过程中出现错位或失效的可能性而做出的别有用心的刻意误读。

根据语用学原理，符号的意义与其所处的语境和使用的主体相关联，它不是固定不变的，符号与意义的对应具有相对性。同样，每个人都可以从自己的文化视角对面前的景观文本做出解释，但景观与这些解释没有固定的、必然的对应关系。人们在景观中行走的路线、停留的位置、体验的角度、认知的水平、感知的空间序列等方面都是独特的，他们领会的叙事必然因人而异，与设计师的讲述也很难一致。所以，《景观叙事：讲故事的设计实践》提倡"开放的叙事"（open narratives），它对一切阐释开放。作者也认识到，像在一般的故事中那样在景观中寻找清晰的起因、经过、结果是困难的，因为，景观的视觉语言、空间语言与文字语言具有不同的编码协议（protocols）。

"看（seeing）总是文化的看，只有当表象具有文化意义的时候，对我们来说才是真实的。"❶ 任何权威对某一景观的解读都算不上标准答案，哪怕这个权威是设计师本人。米歇尔·福柯（Michel Foucault，1926—1984）和罗兰·巴特（Roland Barthes，1915—1980）都曾经提出，一旦作品完成，作者就死了，作者留下的文本对于读者的解读来说是全面开放的，说的就是这个道理。所以，尽管景观承载了设计师的思想，但任何试图通过解读景观来还原设计师想法的尝试都不会有完满的结果，多解、曲解乃至误读是必然的。或者说，考虑到符号与概念对应关系的任意性以及复杂的文化因素，见仁见智，相对于设计师的原始意图而言，对景观的误读在很大程度上是在所难免的，甚至在很多情况下对作品意义的正确解读是一种不可能完成的任务。比如，生长于西方文化的西方人基本上是搞不明白中国园林的意义的，他们只能从空间、形式等外在的方面用自己的方式很直观、很浅显地感知中国园林，并猜测其含义，正如他们同样很难搞清楚中国的书法、戏剧和诗歌中更深层次的意义。甚至现在的中国人面对自己的古典园林的时候也大多对其深奥的内涵无法把握，即使一些以设计为业的专家有时候也不能例外。有的出版物用西方空间分析的方法分析中国园林，这种做法虽然比设计的门外汉要强很多，但从对园林意义的理解上看，这种分析方式充其量也就和不懂中国文化的西方人处于同样的层次。

即使在以语音和文字为载体的自然语言内部，语言学里所说的编码与解码过程也不是总能准确无误，甚至彻底的失败有时候也在所难免。电影《麦兜故事》中有一个幼儿园小朋友们学习唱歌的镜头。本来的歌词应该是："我们是快乐的好儿童，我们天天一起歌唱。我们在学习，我们在成长，我们是春天的花朵。"可是，这一连串由成人编写到一起的词汇对孩子们来说简直是天书，他们听到并跟着唱出来的是诸如"握闷是块呢滴好耳痛，窝闷天天移汽鸽畅。握闷在雪习，窝闷载撑胀，握闷是蠢天滴化多"这样奇怪的文字组合。很多成年人大概都能记得，自己幼时跟着大人学唱歌就发生过这类事情。本来，符号之所以能起到交流信息的作用，靠的是语音和概念，即能指与所指的对应关系，可是，在小朋友们那里，这种有效的对应关系消失了，那些语音也就很难说是一种符号了。

这里再举几个被传为笑谈的案例，很能说明问题。清华大学某学者在其《中俄国界东段学术史研究：中国、俄国、西方学者视野中的中俄国界东段问题》中把"Chiang Kai-shek（蒋介石）"翻译成"常凯申"，把"John King Fairbank（费正清）"译成"费尔班德"。还有人在翻译吉登斯的著作时把"Mencius（孟子）"译成"门修斯"，把"Ashoka（阿育王）"译成"阿肖卡"，把"天无二日，民无二王"译成"普天之下只有一个太阳，居于民众之上的也只有一个帝王"。在把中文翻译成英文并再次翻译成中文的过程中，解码的错误就发生了。如果在此基础上再翻译几个来回，喜剧效果估计就更强了。也许是受这些学术丑闻的启发，有人竟然恶搞起中国历史上的大人物，他们的名字被翻译成英文：孟子，名轲，英文名Michael，希腊名门修斯；李白，字太白，英文名T-Bag（美国电视连续剧《越狱》中一个恶棍的绰号）；汉武帝，英文名Woody；刘邦，英文名Louis Bond……做学问的人本来都希望不出现错误，他们一旦犯下错误，就会为学界所不齿；而那些搞恶作剧的人刻意制造的错误却成了人们大加赞赏的机智和喜闻乐见的幽默。

再比如，在后现代主义提出的"文脉"概念刚刚进入中国时，有些人不去深究其英文"context"的本义，望文生义地把它解释为"文化的脉络"，导致一系列对后现代主义理论的歪曲，这似乎也不能简单地看作是一个翻译的问题。

学术丑闻中错误的发生一方面是由于一些学者学术作风的不严谨；另一方面也是由于语言的解读过程本身就提供了误读的可能性。语言的翻译不同于数学中的解方程，在等号两边总是能保持相等，一句汉语在翻译成其他语言时可能会有许多版本，其中，某些翻译符合"信、达、雅"的标准，有些能保证没有错误，还有些就可能与原文风马牛不相及了。连文字语言内部都存在错误解码的可能性，在景观语言与文字语言之间的互相转译中自然就更加难以避免失效或错误的发生了。

随语义学的误读而来的必然是语用学的错误，这些错误往往具有不亚于"常凯申"事件的喜剧效果。有一个笑话讲，某公司新来的女职员指着碎纸机向身旁的同事打听这机器怎么用，同事从她手中接过一张纸放入碎纸机示范给她看。之后，新职员满脸困惑地问：

"可是，到底复印件从哪里出来呀？"类似的故事还有不少，比如，接受捐助的土著人用洗衣机洗马铃薯，或者用跑步机晾衣服，等等。按照索绪尔的语言学理论，能指与其所指的概念之间的对应关系是任意性的，它只是在某一特定文化中主观约定的结果，这就开启了语词的多义功能，或者说取缔了能指与所指之间确定性的对应关系。从语言学角度看，"指鹿为马"并非错误，而是对普遍认同的约定的违背。把洗衣机叫做"洗马铃薯机"或者别的什么名称其实是无所谓对错的。只是，隶属于特定文化的人们已经习惯于根据产品的造型识别其功能，或者说根据符码解读其约定俗成的用途与意义，一旦解读失效或错位，产品就会被误用。

有个叫理查德·奥曼的教授做过一个实验，很有趣地重现了编码与解码过程的失败。他把一部很简单的卡通片放映给25个人，然后要求他们分别用一句话把这个影片的内容描述出来。结果，25个人给出了25种不同的描述。之后，教授把这些句子中出现的所有词汇输入，并借助计算机计算出这些词汇能组合出多少语法上正确的句子，最后得到的数字竟然是198亿。类似的实验还显示，包含20个英语单词的句子数量是个天文数字，要把这些句子都说一遍，要用去10万亿年时间，这时间大概是地球年龄的2000倍。❶

拿景观来比对的话，也会产生同样的问题。如果选择20种材料作为景观元素，它们的组合方式虽然不一定是无

❶[美]戴维·考格斯威尔，保罗·戈尔登.乔姆斯基入门.牛宏宝译.北京：东方出版社，1998.61.

穷尽的，至少也有极多的可能性。即使像理查德·奥曼教授的实验那样，选定任意一种组合方式交给25个观众，并要求他们用一句话描述这个景观，其结果也必然会具有多样性。D·W·梅尼格曾经从景观解读的原则和解读方式上系统阐释了这种多样性。在归纳的景观解读原则包括七条：景观是文化的线索、文化统一和景观平等原则、一般事物原则、历史原则、地理（或生态）原则、环境调控原则、景观模糊原则。基于这些原则，在《观者的视角：同一风景的十种版本》中，他归纳了十种解读景观的视角：自然景观、居住地景观、人造景观、系统景观、问题景观、财富景观、意识景观、历史景观、地域景观、审美景观。❶ 可见，阅读景观不是寻求景观意义的标准答案，因为，这个答案根本就不存在。正因为如此，人们才会对同一个景观展开各种评论甚至争论，有人在拙政园或凡尔赛王宫赞叹古人创造的辉煌文化，也有人会在同样的地方解读出统治阶级的腐朽。当然，如果给这些观众提供更多确定性的信息，他们对于某个景观作品的描述可能会更加接近，这也就是那些企图用景观进行叙事的作品往往要附加一些基于文字、声音、图像等手段的解说系统的原因所在。

语言的层次也是一个值得注意的问题。作为系统的语言可以切分为大小不同的层次或单位，如音位、语素、词、词组、句子，这是语言的可分离性。语素、词、词组等层次的符号作为构成语言的要素能传达意义，但还不足以独立完成叙事

图3-26：自然景观

图3-27：居住地景观

图3-28：人造景观

❶ [美]摩特洛克.景观设计理论与技法.李静宇，李硕，武秀伟译.大连：大连理工大学出版社，2007.4~13.

图3-29：系统景观

图3-33：历史景观

图3-30：问题景观

图3-34：地域景观

图3-31：财富景观

图3-32：意识景观

图3-35：审美景观

图3-36：拙政园

图3-37：凡尔赛宫

的任务。要讲清楚一个事件，至少需要一个句子。如果事情比较复杂，可能就需要一本书的篇幅了。这就是人们之所以要耗费巨大的精力写作长篇小说的原因，有时候，一本书的篇幅不够，作家还要洋洋洒洒写出多卷本的鸿篇巨制。类似地，指望用一些符号就讲述完整的故事，往往也会显得捉襟见肘。

还有，作为语言的应用方式之一，各类文章中最常见的记叙文其实是可以细分为两大类的。其一是以描写事物相对静止的状态为主的记述文，其二是讲述事物发展变化过程的叙述文，记叙文是记述文与叙述文的合称。记述文主要是站在空间的视角描写事物相对稳定的外在状况，犹如静止的照片；叙述文则还要按照时间的顺序来记录事情发生的经过，犹如按照时序展开的电影。"叙"字与"序"字在一些情况下是通用的，都有表示秩序、次序、叙说的意思。比如，《淮南子》中的"四时不失其叙"的"叙"就是秩序、次序的意思，与"序"无异。叙述文要按照时间序列组织文章的结构，记述文其实也一样要分先后顺序把事物在空间中的状貌从各个角度分别加以描写，语言只能线性地、历时性地展开，这是语言的时间属性，与此不同的是，景观能够把诸多空间要素共时性地呈现于人的感官，而历时性的叙述则不是景观语言的长处。

令人遗憾的是，人们往往对能指与所指关系的任意性以及由此产生的误读陷阱没有足够的重视，对于语言的时间属性、语言的层次划分以及各语言层次传达意义的有限性也缺乏应有的认知。并且，由于相信景观语言可以被有效地翻译为口头语言或书面语言，相信这些语言具有同样的叙事功能，有很多人热衷于谈论"叙事的景观"或"景观叙事"，并把景观叙事当作了滥用符号的理论依据。自从20世纪80年代，在景观设计领域，叙事开始成为一个引人瞩目的话题。随着"叙事景观"概念在实践领域的应用，有人开始在理论层面上对它加以研究。在相关的著作中，马修·波提格和杰米·普灵顿的《景观叙事：讲故事的设计实践》是很有代表性的。

《景观叙事》的作者在前言的第一段文字中就多愁善感地说，顺手一摸自己的大衣口袋，就会翻出几张便条、一小截音乐会门票、自动柜员机打印的一张凭单等，这些小物件就会让他重新构建起与之相关的一连串叙事。这种联想当然会发生在每个人的日常生活中，但是，读者应该警惕这里隐藏的一个偷换概念的陷阱：小便条或音乐会门票背后当然会有一连串或许很有意思的故事，并且，大凡存在的事物，或曾经存在的事物都会有故事，因为，一切存在者的存在本身就是一个事件，必然具备关于它发生的时间、地点、起因、经过、结果等一系列作为故事所必备的要素。从这样的逻辑来说，万事万物都有故事。但这并不能证明凡事物都适合用来作为讲故事的媒介，一张音乐会门票关联着某些故事并不等于门票具有像语言文字那样讲故事的功能，它只是构成一个故事的元素之一。如果这张门票出现在侦探小说中，它还可能是整个故事中的关键线索，但是，仅仅这一个要素并不能替代故事的全部。即使读者有幸亲手拿着这张门票，他也不可能自己就领会其背后的故事，因为，门票不会讲故事，讲故事的是小说中的文字。同样，景观或景观中的元素也不会讲故事，讲故事的只能是用于解说某个景观的文字、口头叙述或影像等能够表达历时性事件的媒介。

为了使"景观叙事"的理论能够成立，《景观叙事》的作者试图区分叙事（narrative）和故事（story）这两个概念，并把这一区分作为展开论证的出发点。他们指出，叙事由"叙"和"事"构成，包括叙事的方法和内容，讲述的过程和作为其成果的作品，形式的构成和形式本身，故事的构建和构建的结构。叙事比故事更综合，更宽泛。每一个故事都是一段叙事，但不是每一个叙事都必然地符合人们对讲故事的常规理解，即，一个故事应该具备起因、经过、结果等要素。一个叙事可能仅仅是一句话。❶

显然，《景观叙事》的作者把篇幅的长短当作了区分叙事和故事的依据之一，而这根本不是问题的关键所在。很多人都喜欢一种文学体裁——小小说，这种小说长的有几百字，短的可能也就是一两句话。例如，经常被人提到的所谓"最短科幻小说"："最后一个地球人坐在家里，忽然响起了敲门声"，以及"最短的恐怖小说"："惊醒，身边躺着自己的尸体"，都只有一句话，而那篇有个长长标题的小说《别每天就缠着我要我负责任把孩子生下来然后结婚让你变成你老妈那样的女人》号称"最短的爱情暴力小说"，它的正文精炼得只有一个字："啪！"确实，一个叙事可能仅仅是一句话，可一个故事难道就不能用一句话讲完吗？尽管把篇幅的长短当作依据显得不够有说服力，通过把叙事分解为"叙"和"事"，《景观叙事》还是很有效地区分了叙事（narrative）和故事（story）。其实，还可以从语法的角度对这种区分加以补充。叙事与故事的区别从构词法上来看本来就是毋庸置疑的，一个动宾结构的词组与一个名词的差异是显而易见的。

除了明确叙事和故事的区别，在注

❶ Matthew Potteiger, Jamie Purinton. Landscape Narratives: Design Practices for Telling Stories. New York: John Wiley & Sons, Inc.1998.3.

释中，作者又指出了二者的联系。他们认为，没有讲述就不可能产生故事，"故事/叙述，内容/表达，客观事实/描述，形式/过程，系统（语言）/使用（言语）"这样一系列两分法是很难坚持下去的。❶ 故事与叙述是不可分割的。一个事件如果只是发生而没有被人讲述，它就还不是故事，也不会有听众。类似地，叙事也是对事件的陈述。虽然一个事件可能算不上一个完整的故事，可故事必然由至少一个事件构成。叙事与讲故事都是对事件的讲述，其区别仅在于故事一般应该具有起因、经过、结果等要素，并由这些要素构成完整的结构，而一个事件可能仅仅是这个故事中的一个片段。叙事与讲故事都具备"内容/表达，客观事实/描述，形式/过程，系统（语言）/使用（言语）"这些要素，如果不是过于强调故事完整性的话，如《景观叙事：讲故事的设计实践》书名所揭示的那样，"景观叙事"就是"讲故事的设计实践"，"叙事"与"故事"不同，但"叙事"与"讲故事"可以看作一回事。纵观全书，作者也正是试图证明景观在叙事方面的文学价值，即其讲故事的功能。

不过，作者所举的景观案例恰恰提供了很多反证，暴露出所谓景观叙事在实践中对于文字说明等景观本体语言之外的媒介的依赖。在这些案例中，出于叙事的目的，设计师采用在人行道上镌刻文字、在场地上设置符号、图像、雕塑等办法来加强景观的叙事性。换句话说，如果人们对设计师用景观语言所

要讲述的故事不能领会也不要紧，他尽可以找到人行道上、广场上、雕塑基座背后等位置的说明文字，这些文字会把故事的来龙去脉或简明或详尽地加以讲解。至于讲故事的到底是用的文学语言还是景观语言，反正也很少有人深究，至少，那些说明文字是被置于景观之中的，于是，类似的做法就都被叫做了"景观叙事"。并不是说雕塑等艺术形式不能为景观所用，恰恰相反，在景观中引入公共艺术可以极大地提升景观的艺术魅力，只是，对于那种夸大景观语言叙事功能的说法应该加以反思。

美国俄勒冈州波特兰市滨水公园中有一个故事花园，设计师声称，他要借助景观讲述来自寓言、神话与现实的故事，并让游人在进入场地后创造出自己的故事。花园是一个直径18.30m的迷宫，熟悉西方文化的人可能马上会想到古希腊神话中米诺斯国王为自己的儿子米诺陶修建的迷宫以及相关的传说，海龟与野兔的雕塑暗示了龟兔赛跑的童话故事，迷宫小径的铺地上的150多块花岗岩蚀刻着不同的图像，图解着人们或许熟知或许看不懂的故事。与其说这是个故事花园，还不如说它是个符号的混合体，真正讲述故事的与其说是景观语言，还不如说是绘画语言与雕塑语言。荷兰鹿特丹的名人广场的铺地上刻着一些人们熟知的名字，其手法与波特兰的故事花园如出一辙。

《景观叙事》中也提到了著名的景观设计案例——英国18世纪建造的斯图尔海德（Stourhead）公园，这个案例被归

❶Matthew Potteiger, Jamie Purinton. Landscape Narratives: Design Practices for Telling Stories. New York: John Wiley & Sons, Inc.1998.3.26.

图3-38：设计师通过在场地上设置雕塑等办法来加强景观的叙事性

图3-41：美国俄勒冈州波特兰市滨水公园中的故事花园
图片来源：[西班牙]弗朗西斯科·阿森西奥·切沃.景观元素.陈静译.昆明：云南科技出版社，2002.120.

图3-39：美国俄勒冈州波特兰市滨水公园中的故事花园
图片来源：[西班牙]弗朗西斯科·阿森西奥·切沃.景观元素.陈静译.昆明：云南科技出版社，2002.123.

图3-40：鹿特丹名人广场的地面上刻着一些人们熟知的名字

到"直接讲故事"这个景观叙事类别，此外，景观叙事还有"主题的"和"暗示的"等方式。斯图尔海德公园重建了古罗马诗人维吉尔（Virgil）的史诗《伊尼德》中的场景。公园的空间布局按照史诗发生的时间线索展开，游园的过程被想象成追寻伊尼德足迹的过程，园林中心的人工湖象征地中海，沿湖布置的神庙、洞穴、古桥、农舍都模仿了古代希腊和罗马建筑。设计者还使用了很多铭文与雕刻，用来暗示伊尼德及其后代建立罗马的故事。作者承认，像文学作品那样逐字逐句地重建整个叙事过程是不可能的，于是，通过命名、指涉、关联、符号等手段对故事情节加以暗示就成为必然的选择。具体来说，铭文、雕刻、洞穴、古桥、古风建筑等元素都是为了这类暗示而设置，整个公园的构思就是设计师想象中的场景还原。尽管斯图尔海德公园的叙事手法被作者归为"直接讲故事",但它比"暗示的叙事"并没有直白多少,设计师的一切努力也依然不过是"暗示"。要读懂那些故事,人们需要借助暗示,再调动自己的联想能力,在思维中重建一个有可能

图3-42:克劳德·洛兰(Claude Lorrain)的油画《Aeneas at Delos》
图片来源:http://traxus4420.files.wordpress.com/2010/09/8451-landscape-with-aeneas-at-delos-claude-lorrain.jpg

图3-43:斯图尔海德公园
图片来源:Dušan Ogrin.The World Heritage of Gardens. London:Thames and Hudson Ltd. 1993.146.

相对完整的故事。事实上,尽管有些熟知历史知识的人会在斯图尔海德公园发现一连串伊尼德足迹的对应物,并陶醉于这种发现带来的惊喜,但是,对于大多数不掌握相关背景知识的人,即使他们有很高的悟性,恐怕仍然无法领会这种"直接"讲述的故事。偌大的公园在叙事的有效性方面远远不如写着伊尼德故事梗概的一页纸,虽然斯图尔海德公园的整体价值远非一张纸所能比拟。

类似斯图尔海德公园那样暗示故事的设计手法在西方古典园林中是很常见的,著名的法国凡尔赛宫苑(Versailles Palacé)中就能找到很多故事的线索。这个面积相当于当时巴黎市面积1/4的巨大景观设计作品是以"太阳王"自居的路易十四委任勒·诺特(André Le Nôtre)等人主持营造的。为了歌颂太阳王的伟大,凡尔赛宫苑中反复使用了与希腊神话中的太阳神阿波罗有关的主题。纵贯东西的中轴线上,有拉托那(Latona)泉池,中央的雕像表现了阿波罗的母亲拉托那护佑着幼小的阿波罗与其孪生妹妹阿耳忒弥斯(Artemis)的场景;向西经过"国王林荫道",在林荫道尽端的阿波罗泉池描写了阿波罗驾着马车巡行天空的场面;阿波罗浴场中,在大岩洞洞口是巡天归来的阿波罗与几个仙女的群像;连东西向的主轴线都象征了太阳的东升西落,点明了"太阳王"的主题。此外,随处可见的爱神、山林水泽女神、海神等古代神话形象与来自伊索寓言的形象都在讲述着他们自己的故事。遗憾的是,并不是每一个到

图3-44：凡尔赛的拉托那泉池

图3-47：凡尔赛的阿波罗浴场

图3-45：凡尔赛的阿波罗泉池

图3-48：凡尔赛宫苑中随处可见的古代神话形象与来自伊索寓言的形象

图3-46：凡尔赛的阿波罗泉池

访的游人都能知晓这些情节错综复杂的故事，可是，这并没有妨碍他们感受凡尔赛宫苑的壮丽。

可见，斯图尔海德公园或者凡尔赛宫苑的价值绝不在于它们是否成功地讲述了一个故事，这个结论对于现代景观设计作品也同样适用。简言之，叙事可以被用作景观设计的一种手法，也可以被用作寻找景观形式的线索或借口，但景观不是用来叙事的。

第三节　符号与景观语言的意义

虽然景观的主要价值并不在于叙事，景观叙事也常常无效，常常被误读，过度渲染的景观叙事还常常造成景观设计与解读的庸俗化，但景观叙事仍然有其价值，特别是当现代主义设计走向国际式的时候，当其纯粹的、抽象的、抹煞文脉的取向导致全世界的景观设计乃至城市面貌走向严重的同化，民族性、本土性、多样性等构成文化生态的最基本要素普遍面临危机的时候。作为对现代主义纯净化的形式主义倾向的一种反动，当代景观设计中出现了把叙事更多地引入设计的策略，这一策略既可以看作是对纯粹形式主义景观设计中

图3-49：装修改造前个性鲜明的莫斯科机场室内设计

图3-50：改造后丧失个性的莫斯科机场室内

意义丧失的补偿，也可以看作是对古典主义的一次后现代主义方式的回归。

通俗地说，符号就是那些传达其他含义而不是指向其本身的东西。例如，在一本书中，某个汉字下面的一个着重号表示对这个字的强调，读者会领会到作者这种加强语气、引起读者注意的意图，而不大理会这个作为着重号的圆点本身，也不在乎它的形状、大小、颜色等，此时，这个圆点就成为一个符号，它指向自身之外。在符号系统中，表达所指正是能指的功能。所以，在能指中寻求它外部的意义是再合理不过的愿望。如果承认景观语言是一种符号系统的话，在景观语言中传达意义就是无可厚非而且难以避免的。

但意义并不等于叙事。叙事是对事件的描述，意义则包含两个层面的意思。一是指某事物所具有的思想、内容、含义等，与英文的meaning相当；一是指事物的意味、作用、价值、重要性等，与英文的significance相当，当某人用英语说某事有意义或有道理的时候，他也会说此事"make sense"。换作符号学的语言来表述，如果景观的形式是能指的话，意义就是其所指。即使某个景观没有文学意义上的内容或含义，它也可能具有其形式上的意味或价值。克莱夫·贝尔（Clive Bell，1881-1966）提出艺术是"有意味的形式（significant form）"，即"线、色的关系和组合，这

些审美地感人的形式……就是一切视觉艺术的共同性质"。❶ 依此观点，一旦意味来自形式而非内容，作为艺术的景观就产生了。说景观不擅长讲故事，并没有否定景观是语言，也没有否定景观是有意义的，只是，景观的意义不必寄生于叙事。景观有其自身的形式语言，这种语言具有与文学语言或其他各种语言不同的特点与功能，也正因为如此，景观才有了其他艺术不能替代的、独立的存在价值。

从内容或含义这层意思看，"意义"可以来自叙事，或者说，叙事的内容就是其意义。适度地引入叙事的手法不但无可厚非，而且有助于赋予场地意义，帮助人们读懂场地，认同场地。那些本不属于景观本体语言的故事情节或主题可以当作启发灵感的线索或寻找形式的借口。例如，可以像斯图尔海德公园那样，让景观的空间顺着伊尼德故事发生的时间序列逐步展开，也可以像凡尔赛宫苑那样，从伊索寓言和古代神话故事中找到景观的主题，并围绕这些主题营造景观的整体氛围。只是，这些努力往往只能为人们自己理解景观提供一些线索，至于理解的程度与准确性则与其文化背景等个人因素有很大的关系，设计师的意图在很多情况下是无法奏效的。

美国著名景观设计师马克·特里布（Marc Treib）讨论了景观是否一定要有意义，是否能够有意义，他把景观设计的途径以及使景观获得意义的方式大致分为五种：新古风、场所精神、时代精神、乡土景观、说教（the Neoarchaic, the Genius of the Place, the Zeitgeist, the Vernacular Landscape, and the Didactic），并逐个质疑了这五种途径追求意义表达的具体方式及其有效性。经过一系列讨论，马克·特里布总结道："（景观）设计师能帮助创造一个有意义的场所吗？能。""（景观）设计师能在完成一个场地设计的时候把意义设计进去吗？不，我们只能说，不再能够了。"不过，有一种例外，那就是，"当社会是均质的并且共享同样的信仰体系的时候，当符号系统属于本土的时候，当场地的创造者无意识地完全在某种文化中操作的时候，这才是可能的。"看来，这些条件不是那么容易满足的，所以，他最后的结论体现了强烈甚至极端的接受美学色彩："我相信，意义不是设计师在整个建造过程中构建的结果。它不是创作者的产品，而是接受者的创造。"❷

接受者本能地有一种探索的欲望，

❶[英]克莱夫·贝尔.艺术.周金环，马钟元译.北京：中国文艺联合出版公司.1984.47.

❷Marc Treib.Must Landscape Mean?. Simon Swaffield. Theory in Landscape Architecture: A Reader. Philadelphia: University of Pennsylvania Press, 2002.89~101.

图3-51：意义不是创作者的产品，而是接受者的创造。巴黎皇家广场上的柱子被人们以各自的方式解读、使用

一旦某种东西抓住了他的注意力或者打动了他的好奇心，他就会设法满足这种刨根问底的心理。这时，想象力就会迅速介入，他会用自己的方式在眼前呈现的世界与作为原因的背后世界之间建立阐释的桥梁，一旦这个桥梁被顺利找到，对于接受者来说，他眼前的世界就获得了意义。每个人的想象力都是自由的、绝无雷同的，因而，意义的阐释必然是开放的，每个人都会在两个世界之间架设属于自己的桥梁，寻找自己对世界独特的解释。这就像鲁迅在《集外集拾遗·绛洞花主小引》中对于《红楼梦》那段著名的评论："谁是作者和续者姑且不论，单是命意，就因读者的眼光而有种种：经学家看见《易》，道学家看见淫，才子看见缠绵，革命家看见排满，流言家看见宫闱秘事"，或者如他在《而已集·小杂感》中所说的那样，"一见短袖子，立刻想到白臂膊，立刻想到全裸体，立刻想到生殖器，立刻想到性交，立刻想到杂交，立刻想到私生子"，探索被遮蔽的同时又被暗示着的世界是一种本能的冲动，它是人类发现知识、确立信仰、创造艺术的原动力。

此外，这些多元的阐释又不是画地为牢的，它们会随时受到外界的影响、引导或利用。诗人庞德曾经揭露生意人的别有用心，说他们利用人们的潜意识，把商品名称与音乐相配合，经过不断地重复，二者之间的联系被一再强化，此后，即使只播放音乐，人们就会马上联想起那种商品。这个例子就能很好地说明，在符号及其意义产生过程中，创作者与接受者起着不同的作用。即使假设作曲家曾试图在音乐中添加某种意义，这意义在听众那里恐怕也往往无法被领会，而商人们在商品名称与音乐之间建立起来的关联却很容易地被接受，商人们实际上对音乐进行了再创造，听众则领会并认同了这个创造，从而成为潜在的消费者。

同样地，景观具有什么样的意义，最终的决定权不在设计师那里，即使设计师抗议其艺术的接受者对作品的误解甚至歪曲，那也是徒然的。例如，一个巨大的花岗岩人头雕像突兀地躺在巴黎的巴士底广场前，一手托腮，似乎在沉思。它必然会唤起过往的人们阐释的本能。或许有人会设想这个人物与巴士底广场的历史是否有某种重大联系，或许有人会猜测它不过是雕塑家做的一个恶作剧，或许它是某个博物馆陈列品的特大号复制品，或许它只是个临时的陈设，又或许它具有某种重要的纪念意义。至于他在想着什么，或者根本就没有思考，人们也尽可以拥有妄加揣测的自由。即使艺术家能够给出创作这个作品的一万个理由，又有谁能够知道呢？又有多少人在乎呢？即使他能够通过文字，甚至亲自来到现场解说，又有谁能够保证人们都会接受呢？

因此，从设计师的角度看，不应该把讲故事当作景观理所当然的任务，如果过分强求景观的叙事功能，把讲故事当作景观的任务，甚至以追求场所精神、时代精神等为借口而刻意地叙事，那么，不但景观不能真正完成文学的任

图3-52：一个巨大的人头雕像突兀地出现在巴士底广场前，会唤起人们阐释的本能

图3-53：口中生长着植物的头像似乎在传达着某种意义

图3-54：接受者对景观语言做出解读是不可避免的

务，景观本体也会被忘记、被遮蔽，景观语言的价值就会被过多的文学性所伤害，还有走向肤浅与庸俗的危险。而从接受者的角度看，对景观语言做出解读，发现意义，甚至创造出意义都是不可避免的。

从意味或价值这层意思看，"意义"可以来自形式，或者说，形式的意味就是其意义。"有意味的形式"产生于合乎规则的句法学以及对于句法学的巧妙应用，而不是语义学上的牵强附会，这种附会有时候不但不能准确地传达意义，还会产生滑稽的效果，连形式上的意味也被破坏掉了。克莱夫·贝尔、罗杰·弗莱、赫伯特·里德、克莱门特·格林伯格等形式主义的先锋理论家虽然各有其偏颇，但是，他们关于形式的价值与作用的论述前所未有地引起了人们对艺术本体的关注，极大地改变了现代艺术的走向，对现代景观设计也影响深远。景观的形式语言被很多现代景观设计师当作探索的主要课题，在形式中寻求独特的意味，他们刻意避免因形式的过分"透明"而让人沉溺于叙事以至于对形式的美感视而不见，力求用形式本身的意味唤起人们的审美情感。形式美并非像有些人认为的那样晦涩难懂，其实人人都有感知并欣赏形式美的能力，只是能力有强弱的差异，每个人的审美取向也不会相同。比如，人们都有自己的色彩偏好，有人喜欢热烈的红色，有人欣赏沉静的蓝色，至于一片蓝色表示天空还是海洋，甚至它是否还与某个故事相关联，则与这种对色彩的审美没有关系。形式美感因人而异，因文化而异。因此，景观设计在形式上的追求与现代主义提倡的纯净的形式主义应有所不同，它不应排斥文脉与文化多样性，相反，由于多元的文化提供了丰富的

图3-55：多元的文化提供了丰富的景观形式语言：2010上海世博会法国馆
图片来源：Wang Shaoqiang. Beyond Design：2010 Shanghai Expo Architecture and Space Design. Guangzhou：Sandu Publishing Co.，Limited. 2010.119.

图3-56：多元的文化提供了丰富的景观形式语言：2010上海世博会卢森堡馆
图片来源：Wang Shaoqiang. Beyond Design：2010 Shanghai Expo Architecture and Space Design. Guangzhou：Sandu Publishing Co.，Limited. 2010.203.

形式语言，对它们的关注与借鉴必然使景观设计更多元、更有意味、更有活力。

一段叙事可能是某一词汇所依托的语境，但语境的本质不是叙事，而是一种关系，这种关系存在于景观语言内部，也存在于人与景观的关系中。景观语言中叙事内容与形式意味两个层面的意义都离不开人的理解与接受，离不开主客体的互动关系，这种关系正是语用学研究的主要内容。按照索绪尔的观点，语言符号之所以能够正常发挥作用，离不开源于心智的联想，通过联想，两种不同事物之间就建立了关联。人的主观联想在景观的接受过程中起着呈现这种关系的作用，它揭示出，甚至构建出语言中的关系，并赋予这些关系特定的意义。

索绪尔在《普通语言学教程》中提出，语言符号系统是一个关系网络，它由句段关系与联想关系构成。句段关系是符号按照线性排列构成的要素之间的关系，联想关系是某一个要素通过主体的心理联想而与其他要素建立起来的关系。通过这两种关系，符号的任意性受到限制，语言就有规律可循了。

按照索绪尔所举的例子，柱子与它们支撑的雕带构成两个建筑要素的句段关系，而如果某人看见一个多立克式圆柱就联想起不在场的爱奥尼亚式圆柱或科林斯式圆柱，联想关系也就产生了。❶因此，句段关系是一种已经客观地存在于诸要素之间的纵向关系，这是一种内在性的逻辑关系，只是，要把握这种关系，还需要主体的在场；联想关系则是

❶[瑞士]费尔迪南·德·索绪尔.普通语言学教程.高名凯译.北京：商务印书馆，1980.170～176.

图3-57：柱子与它们所支撑的雕带构成句段关系

一种由于主体的介入而存在于一个要素与其他要素之间的横向关系，这是一种外在性的关系，它是由主体构建的，因而，这种关系比句段关系具有更多的主观性和任意性，主体也因此具有更多的能动性。

所以，所谓景观叙事并不是真的用景观语言代替文字语言或口头语言讲故事，而是利用元素间潜在的联想关系，借助景观元素的提示，使人在联想中重建叙事的片段。如果对这种本来会很自然地生成的联想关系缺乏信任，试图使用更直接的图解方式进行叙事，虽然景观会更浅显易懂，却往往给人一种简单生硬的印象。前南斯拉夫的铁托总统在他88岁那年去世后的一段时期里，在那个国家流行一种被称作88纪念园的设计，一般做法是在公园里种植88棵树。当时的一位著名景观设计师在设计中没有采用常规的做法，而是按照8的倍数安排母题，并在入口处用植物拼成铁托

的名字，让人一目了然。这有如"文化大革命"时期在中国盛行的忠字舞，采取象形表意、符号化和图解化的表现手法，舞蹈动作简单夸张，如：双手高举表示对红太阳的景仰，斜出弓步表示永远追随毛主席，舞蹈语言一下子就变得无比通俗了。这种做法在当时主要是迫于政治形势，是无可厚非的。但是在今天，类似的做法仍然屡见不鲜，对艺术语言的简单化理解应是一个主要原因。2008年北京奥运会期间，街道上随处可见用各种材料制作的五环标志和"中国印"，有的树立在路口，有的挂在建筑上，有的躺在绿地上，有的印在人们的衣服上，气氛确实很热闹，但是从景观设计的角度看，就未免有些简单化了——本来应该很有创造性的设计活动被简化为图解。中国农家的影壁墙上镶嵌着颜色鲜丽的壁画《金光大道》，用符号化的手法表达自己对美好生活的向往和祝愿，人们可能会嘲笑这种装饰物的丑陋与艳俗——不只是颜色的俗气和透视上的错误，还有构思的直白甚至肤浅。但是，不妨比较一下，一些出自专业人士之手的图解式设计比农民的趣味又能高明多少呢？

按照索绪尔的理论，符号系统中的联想关系在这种直白的图解中被取缔了，人们不必经过任何联想过程，直接见到了符号所表示的事物。与此同时，由于原本在句段关系中并不出现的所指被直接呈现出来，人们就很少有机会再反思句段关系，句段关系也就被遗忘了。具体地就景观设计来说，当用植物

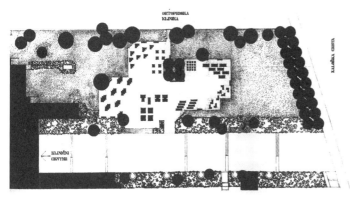

图3-58：88纪念园
图片来源：Dušan Ogrin．Katalog Del；1955—2009．Ljubljana：Biotehniška Fakulteta，Oddelek za Krajinsko Arhitekturo，2009．91．

图3-59：忠字舞
图片来源：http://www.cpanet.cn/gcms/end.php?news_id=8859

图3-60：河北山区某农家影壁墙上镶嵌着壁画《金光大道》

修剪组合而成的奥运五环标志映入人们眼帘的时候，人们直接见到了熟知的标志，而省去了联想的环节，同时，由于这个符号强烈而清晰的确定性，人们根本没有必要，或者说没有足够的机会让自己再去关注这些植物中所存在的形式关系，因为它们已经明白和通俗得无以复加，这必然导致人们新奇感的丧失，从而不再有兴趣探究一个早已熟视无睹的符号的形式感。尽管内容或含义层面上的"意义"被最直接、最清晰地呈现，但来自形式的意味或价值层面上的"意义"却被剥夺或遗忘，并且，句段关系与联想关系的双重缺席也导致人们

审美体验快感的丧失。因为，在欣赏优秀的艺术作品时，"我们似乎在以一种愉快的方式思考着隐含于其中的难题，品评着其中这一部分同那一部分之间的关系，然而并没有想到得出一个固定的结论——感到简直没有必要去达到这样一个结果。"❶ 而在图解方式的景观中，根本不存在什么难题，人们也不会注意这一部分同那一部分之间的关系，本来没有必要存在的固定的结论却明明白白、一览无余地摆在眼前，索然无味。

　　与"意义"的两层意思相对应，叙事也有两种。内容或含义层面上的意义来自外在性的故事情节、事件或陈述，

❶ [美]H·G·布洛克．美学新解．守尧译．沈阳：辽宁人民出版社，1987.231.

或者说，叙事的内容就是一种意义；而意味或价值层面上的意义则来自内在性的形式，如果把形式的变化与表演看作一种事件的话，那么这种事件在广义上讲也是一种叙事。当彼得·埃森曼把九宫格作为寻找形式的起点的时候，他使用的最基本手段就是对九宫格进行的各种"操作（process）"，这些操作包括把九宫格进行变形（transformation）、分解（decomposition）、嫁接（grafting）、动尺（scaling）、旋转（rotation）、倒置（inversion）、叠合（superposition）、移位（shifting）、叠动（folding）等一系列事件，在一系列随机动作的轨迹中，新的形式产生了。埃森曼声称自己的建筑是"写"出来的，它需要像人们读文章一样阅读。阅读他发表的大量关于形式生成的图解，就像读一个故事，进行一次探险，结局并非不重要，但导致结局的故事情节的发展序列更引人入胜。从一个简单的、确定的起因，经过一系列

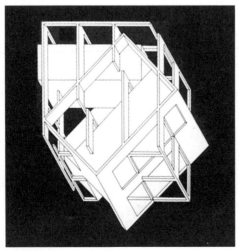

图3-61：彼得·艾森曼对九宫格进行的各种"操作"
图片来源：Peter Eisenman. Houses of Cards. New York：Oxford University Press，1987.p60.

❶ Jameson F. Postmodernism, or, the Cultural Logic of Late Capitalism, London: Verso. 1991.38~45.

"操作"，情节按照自己的逻辑层层展开，每一步都充满未知，最后的结果连作者也不能准确预料。在这个过程中，由于设计师的介入，形式自身生成的能量得到充分发挥，其景观与建筑作品不是被用来讲述外在的事件，作品本身的生成就是一个让人兴奋的事件，形式是在讲述关于自己的故事。

本来，一系列"操作"的实质是在句法学的意义上进行的，它专注于语言形式的形态，即符号自身以及符号之间的结构关系，而不涉及语言的意义。但是，作为事件，形式"操作"的意义自然而然地产生了，从而，这些"操作"又不局限于句法学，它们获得了语义学上的价值。如果这时再考虑到人的进入与活动，语用学意义上的事件也就同时发生了。正如后现代主义理论家弗里德里克·詹姆逊（Fredric Jameson）在对约翰·波特曼设计的好运饭店（The Bonaventure Hotel）进行分析时所说，身体的轨迹被当作叙述或故事，作为动态的路径和叙述范例，进入现场的人被要求用自己的身体和运动实现和完成这些叙述或故事。❶ 不但在建筑中被称作"人的移动器"的电梯里发生的运动本身是一种事件，发生于其中的人的观看与活动也是一种语用学意义上的事件，靠设计语言代替文字去讲述另外的故事即使是可能的，也已经是多余的了，因为，从句法学、语义学和语用学的意义上都可以看到，仅仅因为在形式上的一系列"操作"，生动的故事就已经和正在发生了。

图3-62：进入现场的人用自己的身体和运动完成叙述

图3-63：人用自己的身体和运动完成叙述

图3-64：对景观语言的潜在解读是多样的、不确定的。指向大海的哥伦布雕像被当作调侃对象

景观中的句段关系与联想关系具体体现在主体、空间与时间——即人、空间环境与历史脉络——这三者交织而成的图底关系上。景观元素的意义，乃至景观的意义，既来自内在于景观本身的句段关系，也来自人对景观的体验与联想，更来自人在景观中的活动，换言之，它来自人、空间与时间三者构成的语境。在不同的语境中，人们对于同一种景观元素的解读是不同的，那种追求"正确"解读景观的努力注定是徒劳的。这与诗歌中发生的情形很相似，"人们无论读什么诗，总感到有某种个满足，心中永远有疑团，不知道自己是否在正确地理解诗句，而假如应该这样理解，又不知道自己是否应该感到满意。"❶ 人们纠缠于"正确"理解诗歌的语言，却不知朦胧才是诗歌之为诗歌的根本。同样，对景观语言的解读必然也是多样的、不确定的，相关的实例俯拾皆是。

俞孔坚主持设计的沈阳建筑大学校园景观中，原本种植于农田的水稻大片出现在校园的室外空间中，取代了校园中常见的草皮，这种违反常规的做法招来了很多批评。批评的焦点其实就是围绕着稻田这个景观元素的语义。一般来说，人们提到水稻，就马上意识到那是一种粮食，稻子与农业景观之间的联想关系就被建立了起来——稻田必然是生产粮食作物的地方。人们乐于欣赏稻田的景色，只是，这种审美活动总是发生在田野上。为了欣赏田园风光，城里人偶尔会不辞辛苦跑到农村去。同时，一

❶ [英]威廉·燕卜荪.朦胧的七种类型.王作虹等译.杭州：中国美术学院出版社，1996.391.

般情况下，稻田本身不会被当作艺术作品，它只是经常被作为表现的对象出现在其他艺术作品中，在绘画、文学中出现稻田是不会引起人们任何诧异的。与人们惯常经验相悖的是，沈阳建筑大学校园里的稻田不但没有出现在农村，而且还堂而皇之地出现在读书人学习、工作和生活的高等院校，更有甚者，它以景观设计的名义出现，言外之意，它要求人们把稻田作为艺术作品来欣赏。从景观设计学专业的角度看，这个景观设计作品把人们熟知的园林植物与农业作物、校园与农田、读书与生产、艺术与粮食、审美与实用、农业景观与校园景观等概念一起颠覆了。由此可见，稻田在不同的语境中具有不同的意义，有时候，意义的转换还会让一些人一时无法

适应，无法接受。

相比较之下，王澍在中国美术学院象山校区中规划的稻田并没有像沈阳建筑大学的稻田那样引起那么多的争议，这与象山校区环境的整体构思不无关系。校园中有杭州典型的低山，那片稻田铺在山脚下让人自然地联想起江浙一带很常见的田园风光，想起了在牛背上一边读书一边放牛的牧童，想起了耕读传家的古代文化传统，体验到久违了的诗情画意。校园的山水提供了一个和谐的语境，虽然那里有一些设计手法新奇的建筑，但是，它的平面上没有沈阳建筑大学校园里笔直刚硬的、现代主义风格的、强有力的直线分割。沈阳建筑大学校园中的稻田鲜明地展示着设计师的设计意图，相比较而言，象山校区却有点儿像在农田上新辟的校园，原来的稻田似乎还没来得及抹掉。通过使用拆除了的旧建筑上的砖瓦，通过对建筑体量的控制以及建筑形体的设计，让人感觉校园的总体精神面貌并不是西方现代主义的，它似乎隐约流露着几百年前中国文人的某种情怀。

图3-65：沈阳建筑大学校园中的稻田

图3-66：沈阳建筑大学校园中的稻田

图3-67：中国美术学院象山校区中的稻田

可见，景观元素的意义除了与语境相关，还与其自身的风格相关。同样的景观元素，可以有不同的表达风格，沈阳建筑大学那种用笔直的混凝土道路分割的稻田与中国美术学院象山校区那种用泥土划分的田畦因为采用不同的表达方式，就产生了不同的语义。同样的现象在语言中也能见到，同一个词可以以不同的方式被用于无数个句子中，不论从句法学、语义学还是语用学的角度看，它都可能具有多种意义并产生多种效果。即使同样一句话，仅仅因为语气和声调的变化，也可以表达非常不一样的意义。比如，一句"我没去过巴黎"，如果加重"我"的语气，就可能表达"我不稀罕去巴黎"或者"我没去过巴黎，所以，此事与我无关"等意思；如果句末有问号，再强调"我"字，就可能表示"我没去过巴黎，难道你去过？"；如果强调"巴黎"，就可能表示"谁说我没去过巴黎？那你说我去的是哪儿？"等意义。

上面两个案例是把稻田放在校园里，稻田充当的是图形，还有的设计师反其道而行之，颠倒了图底关系，把稻田当作背景，在稻田上安排了让人意想不到的景观元素。五星级酒店本应属于城市，正如稻田本应属于农村。可是，在广西阳朔的田家河旅游度假村，五星级酒店的客房就散布在稻田里。这种景观元素与语境的反常态关系并非哗众取宠，也不是无视文脉，恰恰相反，按照设计师的说法，为了避免大都市中常见的体量巨大的星级酒店破坏田园风光的

氛围，建筑被打散，变成了许多小体量建筑，自由地撒在田野里，本来风马牛不相及的星级酒店与稻田就取得了一种协调的关系。

太湖石本来就是一种天然的石头，但是，有人却对它很不喜欢，把它比作戕害人性的裹脚布，原因是，在太湖石与中国古典园林之间，人们建立了牢固的联想关系。因校园中的稻田景观而被批评的俞孔坚就是太湖石及其所象征的中国古典园林坚定的批判者。其实，

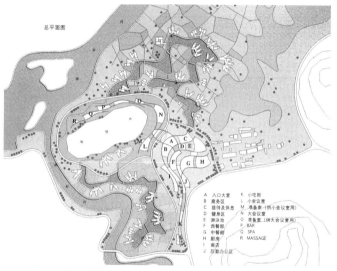

图3-68：稻田里的酒店总平面图
图片来源：庞伟，魏敏.长在稻田里的酒店.景观设计，2006(3)：109.

图3-69：稻田里的酒店鸟瞰图
图片来源：庞伟，魏敏.长在稻田里的酒店.景观设计，2006(3)：110.

图3-70：中国古典园林中常见的太湖石

图3-71：秦皇植物园中的太湖石

他讨厌的并不是孤立的、排除具体语境的某种石头，甚至在另外一种语境中，在他自己的设计里，太湖石竟然也找到了一席之地。在俞孔坚主持设计的秦皇岛秦皇植物园中，就能见到这样的太湖石。如果不是设计师言不由衷、行为与

思想自相矛盾的话，就是这里的太湖石被赋予了与它们在古典园林中不同的意义。可以设想，在这个现代景观作品中，太湖石原有的意义被剥离，它被还原为一种单纯的景观元素，在新的语境中，它可能被解读出另外的意义，也可能仅仅充当一种纯粹形式上的构图要素。

但这种还原是可能的吗？如何才能够消除人们由这些石头引发的对于中国古典园林的联想呢？如何还这些"罪恶"的石头以"清白"呢？在不改变石头本身形态的情况下，唯一能做的当然是改变它所处的语境，让它在新的语境中产生新的意义。语境的转变会在同一词汇的不同意义之间产生张力，从而产生戏剧性效果，它可能有两种极端的结果，一是被当作大胆的创新，一是被当作恶意的挑衅，人们因此或被感动，或被激怒。景观是一种文化现象，景观元素是一种文化符号，一旦被置于某种语境，要想剔除景观元素的意义都是很困难的事。一句话，离开整体关系，离开语境，景观元素就没有意义。

第四节 景观语言是形式而不是实质

❶ [瑞士]费尔迪南·德·索绪尔.普通语言学教程.高名凯译.北京：商务印书馆，1980.158,169.

索绪尔指出，思想与声音，也就是所指和能指，是语言的正反两面，正如一张纸，这两个要素不可分割，语言是二者的结合，"这种结合产生的是形式（forme），而不是实质（substance）"，"语言是形式而不是实质。"❶ 这可能会让那些习惯于批判形式主义的人不太习惯，因为，按照索绪尔的论断，对于语言来说，形式的重要性是不言而喻的。那些对形式主义横

加指责的人基本上不知道形式到底是什么，如果对于这样一个关于设计的基本问题都没有澄清的话，许多所谓的理论就都不过是空中楼阁。

其实，索绪尔的两分法在西方思想史上并不是空穴来风，早在古希腊时代，亚里士多德就提出了质料（matter）和形式（form）这一对偶范畴，他认为，质料是指组成个体事物的基本材料，形式则是事物的定义、本质、结构、模型、范型。此处的"质料（matter）"与索绪尔所说的"实质（substance）"对应，都是强调一种与抽象的形式相对的物质属性。在亚里士多德那里，形式相对质料而言是在先的、现实的、能动的、积极的，是运动的源泉和目的；推至终极，它是离开质料而独立存在的纯形式。质料不是本体，只有形式和具体事物才是本体。一件具体事物之具有这样或那样的性质，都取决于形式；形式是高于、先于、独立于具体事物而存在的。❶ 路易斯·康对于形式的含义、形式与物质、形式与设计的关系有一段著名的表述，这个表述与亚里士多德的说法如出一辙："形式含有系统间的谐和，一种秩序的感受，也是一事物有别于它事物的特征所在。形式无形状，无尺寸。""形式是'什么'，设计是'怎么'。形式不属于个人，设计则属于设计人。设计是一种物质化行为，有多少钱，场地，业主，以及种种知识。形式与物质条件不相干。"❷ 与这些观点相似，结构主义者也认为，决定形式的主要因素是它的构成方式而不取决于

图3-72：形式含有系统间的谐和：密斯设计的巴塞罗那世博会德国馆

它们的构成元素。❸ 尽管这些表述出自不同的学术领域，但它们其实都是对亚里士多德观点的继承，或者说在各自理论体系中的拓展。

就语言来说，语素是质料，句法是质料的构建形式，探究语素组合规则的句法学则是语言学的核心部分。就景观来说，按照亚里士多德的说法，土壤、山体、水体、植被、地形等都是质料，它们本身都不能叫做景观，只有当它们组织在一起，获得了景观的形式，景观才真正出现。景观设计虽然要使用景观材料，但设计的目标不是创造新的景观材料，而是改变既有景观材料的存在与组合方式，从而获得新的景观形式。如果换作索绪尔语言学的方式来表述，景观语言就是形式而不是实质。亚里士多德与索绪尔的两种表述方式并无本质的不同。景观语言的作用也不在于创造新的景观元素，而是对既有的景观元素按照景观特有的句法学规则——即景观语言的形式法则——进行有效的组织，从而获得新的景观。

❶ 冯契，徐孝通主编.外国哲学大辞典.上海：上海辞书出版社，2000.362.

❷ ［美］路易·康.形式与设计.李大夏.路易·康.北京：中国建筑工业出版社，1993.124.

❸ 姚翔翔.空间游戏.南京：江苏美术出版社，2003.32.

图3-73：景观语言的作用在于对既有的景观元素进行有效的组织

语言是一个符号系统，一个形式系统，它按照特定的形式法则传达信息，因形式的不同以及所指和能指关系的不同，语言才能传达不同的信息。通过一定的句法，一些原本独立的符号被置入句子的结构关系中；同时，借助语境，一个句子又获得了与其他句子之间的结构关系。这两种结构关系的确立使符号的意义获得了更多的确定性，正常的语言交流才得以进行。这里所谓结构关系就是一种形式。因此，如果从符号学的角度把景观看作语言的话，景观语言就是一个形式系统，尽管这个系统由物质性的景观元素构成，但传达信息并为人所感知的东西归根结底不是元素的物质性，而是它们的构成方式，也就是其形式。这就好比一大堆作为语言材料的语素，在没有获得特定形式的情况下，是不能有效传达意义的。因此，所谓景观语言从本质上说就是景观的形式语言。不掌握语言的形式就不知道怎么说话；仅仅掌握了语言而不能驾轻就熟，不能赋予语言有意味的形式，就谈不上语言

❶[英]H·里德.艺术的真谛.王柯平译.沈阳：辽宁人民出版社，1987.200～201.

❷[英]罗杰·弗莱.视觉与设计.易英译.南京，江苏教育出版社，2005，192.

❸ "The ultimate object of design is form." Alexander, Christopher. Notes on the Synthesis of Form. Cambridge: Harvard University Press, 1964. 15.

的艺术。同样道理，没有设计形式语言的研究和修养，不经过景观形式上的创造，也就谈不上景观设计的艺术，它只能是景观材料的堆砌。

在现代艺术产生的那段时期，一些形式主义的艺术理论家从各种不同的角度进行论证，得到了同样或类似的结论——艺术的本质或价值在于形式。比如，在谈到艺术的终极价值的时候，赫伯特·里德（Herbert Read,1893—1968）指出，尽管艺术家必然地要利用他那个时代的环境提供给他的材料，但是，"真正的艺术家对于强加给他的材料与条件将会报以冷漠的态度。他只接受那些可用来表现其形式意志的条件。"❶罗杰·弗莱（Roger Fry,1866—1934）在《视觉与设计》（Vision and Design）中指出，"我假定艺术作品的形式是它最基本的性质，但我相信这种形式是艺术家对现实生活中某种情感的一种理解的直接结果，尽管那种理解无疑是特别的类型，包含了某种独立性。"❷尽管这些理论家的观点存在各种各样的缺陷，但他们关于形式是艺术的本质的观点已经被很多人认同，这些人中间也包括设计师。比如，美国当代建筑师克里斯托弗·亚历山大（C·Alexander,1936— ）就声称："设计的终极对象是形式。"❸

形式主义在中国曾经遭遇过非常严酷的批判，大批艺术家为此付出过人身安全甚至生命的代价，但是，为了捍卫自己的立场，那些打着马列主义旗号的形式主义批判者似乎刻意忘记了列宁说过的一段话，这段话对形式的肯定是非

图3-74：设计的终极对象是形式

图3-75：设计的终极对象是形式

常明确的："形式是本质的。本质是具有形式的。"❶ 国内设计界对形式的避讳或忽视至今仍然是个普遍存在的倾向，这与当年对形式主义的批判不无关系。有人把研究设计语言、设计形式贬为"玩弄形式"、"形式主义"，有人把它与媚俗的所谓"审美"等同起来，还有人把某些设计给人与环境造成的不利影响简单地归咎于过分关注设计语言。所以，有人不敢谈，有人不屑谈，有人禁止别人谈。由于缺少必要的反思与怀疑，甚至不曾问一句"有谁见过没有形式的设计作品吗？"，很多人就思维简单地继承了当年批判形式主义的结论。

其实，不仅设计作品必然要有形式，恐怕要举出什么东西不具有形式也是很困难的，说句或许并不幽默的玩笑话，连鬼都有形式，不管他是妖媚的狐仙，还是狰狞的厉鬼，离开一定的形式，人们根本没法设想任何事物。前文提到的赫伯特·A·西蒙所说的"如果自然科学关心的是事物本然的样子"，那么，"设计关心的就是事物应该是什么样子"，就明明白白地用最通俗的语言指出了这个极为简单的道理。在西方20世纪的形式主义与现代艺术产生之前的1893年，德国雕塑家阿道夫·希尔德勃兰特就出版了以《形式问题》（Das Problem der Form in Bildenden Kunst）为题的著作，随后的现代艺术更是把形式研究推向新的高度。在建筑领域，1963年，彼得·埃森曼（Peter Eisenman,1932— ）完成了他的博士论文《现代建筑的形式基础》（The Formal Basis of Modern Architecture），第二年，克里斯托弗·亚历山大也出版了《形式合成笔记》（Notes on the Synthesis of Form），形式生成的法则被作为设计的基本课题而得到深入研究。可是在中国，至今仍然有一些设计师还在因为"玩弄形式"而遭到嘲笑。形式问题虽然已经不再是政治问题，可仍然被当作道德问题，很少有人同意它是个严肃的学术问题。"形式主义"的帽子曾把许多人置于死地，直到现在仍然为祸设计领域，导致当前对形式语言的关注与研究严重不足，很多设计作品缺乏创造性，满足于对别人作品形式的模仿和抄袭，一旦某种新颖

❶应注意，substance有物质、实质、实体、主旨、要义、基本内容等意思，与"本质"不同。列宁.哲学笔记.中共中央马克思恩格斯列宁斯大林著作编译局译.北京：人民出版社，1956.535.

的形式出现，就会有大批的仿冒之作。如此下去，非但设计水准无法提高，还会生产出大量庸俗的作品。

巴塞罗那街头有一把巨大的椅子，无独有偶，北京街头也有一大椅子，除了尺度巨大以外，两把椅子没有更多雷同，说是巧合恐怕没有人会反对。还是在巴塞罗那，一只憨态可掬的青铜大猫翘着尾巴站在街头，引来一群群前来抚摸或拍照的人，奇怪的是，在中国某城市的大街上，也出现了这样一只"山寨"大猫。这只"山寨"猫尺度小了大约一半，材料也改用水泥，外面刷了一层漆，乍一看，颜色还有些像青铜，可是造型却严重走样。至于中国大猫的设计师是否到过巴塞罗那，人们无法妄加推测，但是，设想一下那个西班牙设计师有朝一日来到中国与那只克隆的大猫不期而遇未尝不是一桩趣事。

一些城市政府办公大楼的设计师竟然和美国国会大厦的设计师"想到了一起"，他们或者完全照抄，或者搬用其构图元素，连美国国会大厦所代表的社会制度等政治问题都不再考虑了。深圳电视中心的设计者解释自己的构思时说："抛物面作为一种象征意义的形式，传达积淀在人们意识中的关于电视传媒的复合集体记忆。"❶ 不知道抛物面如何就能够成为"关于电视传媒的复合集体记忆"的载体，也不知道如果把"电视传媒"置换为"教堂"，这段表白用于描述理查德·迈耶的建筑"2000年教堂"（church of 2000）是否能赢得迈耶的赞同，更不知道假如迈耶看到深

❶汤桦.营造笔记.蒋原伦主编.今日先锋.天津：天津社会科学院出版社，1999.27.

图3-76：巴塞罗那某广场上的大椅子

图3-77：美国国会大厦
图片来源：http://www.lamost.org/~cb/gallery/usa2007/0712usa050.jpg

图3-78：北京蓝景丽家门口的大椅子

图3-79：某市政府办公大楼

图3-80：巴塞罗那街头的青铜大猫

图3-81：巴塞罗那青铜大猫的仿制品

图3-82：理查德·迈耶的建筑 church of 2000
图片来源：http://www.panoramio.com/photo/13726636

图3-83：深圳电视中心
图片来源：http://www.saintland.net

Chambers，1723—1796）在丘园中曾极力模仿中国园林手法甚至移植了中国式佛塔，中国的圆明园也曾经把江南名园与西方的建筑荟萃于园中，但是，不论是古代的文化交流还是后现代主义的"搬用"，都是一种再创造的过程，特别是有"万园之园"美誉的圆明园，其西洋楼景区的设计绝非对西洋建筑的简单模仿，这与当前国内很常见的"微缩景观"是很不同的。不论是北京的世界公园还是深圳的世界之窗与锦绣中华，大都是很简单地按照一定比例仿制国内外的著名建筑与景观，毫无新意。

圳电视中心后会作何感想，至少，中外设计界频频出现的"巧合"是足够让人拍案惊奇的了。

其实，"搬用"不只是后现代主义设计师的新发明，这种做法古已有之。18世纪英国的钱伯斯（William

当然，这些"巧合"与克隆只是一种现象，如果追究这现象的根源的话，尽管人们可以从形而上的层面抱怨当代中国文化的失落和中国人的惰性，也完全有理由质疑策划者与设计者的追求，但是，在具体设计实践与方法论研究的层面看，对设计形式语言的肤浅理解以及对形式语言研究的缺失恐怕也是一个很重要的原因。说到底，形式语言的重要性还没有被充分认识，尼科斯·A·萨林加罗斯的一句话指出了这种重要性："除去形式语言就等于是抹杀了创造它的文化。这样做不亚于使一个文化丧失其文学遗产或音乐遗产的行径。" ❶

图3-85：圆明园西洋楼景区

❶ ［美］尼科斯·A·萨林加罗斯.建筑论语.吴秀洁译.北京：中国建筑工业出版社，2010.220.

图3-84：丘园中的中国塔
图片来源：Dušan Ogrin.The World Heritage of Gardens.London：Thames and Hudson Ltd.1993.158.

图3-86：深圳锦绣中华

图3-87：深圳锦绣中华

第五节 形式语言的转换与景观设计的创造性

面对设计课题，设计师并不总是没有想法，特别是在"赋予"建成环境某种文化含义方面，中国有着悠久的传统，古典园林的选址、布局、立意、命名、叠石、理水、种植乃至楹联匾额，无不透露着丰富的文化信息。"景观叙事"的概念之所以很容易地被中国设计师接受，与这种文化情结有很大关系。现在的问题是，即使设计师有了一个能让自己都兴奋不已的想法，也往往不知道怎样用设计特有的形式语言去实现。这里，从文字语言或口头语言到景观形式语言的转换是实现设计概念的最关键环节，甚至可以说，在形式的层面，景观设计中的创造性就产生于这个转换的环节，这个环节如果被省略或简化，就会使景观沦为概念或叙事的图解。

景观设计中的"转换"也可以理解为翻译，它类似把英语翻译成汉语，是把设计师头脑中那些以语言、文字、声音、图像等形式存在的语言用景观语言重新阐述和表达，这种翻译首先发生在设计师的思维中。其中，最典型的是在言语思维（verbal thinking）和图式思维（schematic thinking）之间进行的转换。图式思维属于一种非言语思维，所以，这种转换就是一种在言语思维和非言语思维（non-verbal thinking）之间发生的转换。正如把英语翻译成汉语时常会出现词不达意等困难，言语思维与图式思维之间的转换也不是总能让人满意。

有些信息无论用多么高超的写作技巧往往也很难传达得像图像一样让人一目了然。打个比方，就算曹雪芹再用更多的篇幅描写林黛玉的音容笑貌，也还是没有人能够知道她的确切模样，可如果有谁见过她的照片或画像，事情就简单多了。当然，也正是因为谁也没见过林黛玉，每个人也就都能够按照自己的想象在心目中塑造自己理想中的林黛玉，有多少个读者就会有多少个林黛玉，尽管这些林黛玉可以非常相像，但绝不会完全一样。形象可以诉诸文字描述——尽管这文字描述有时候很难做到充分而准确，但靠文字描述却很难复原图像，这个过程是不可逆的。同样地，对景观设计师来说，通过文字介绍很难真切了解一个设计项目，如果有几张照片或图纸，效果就好得多了，要是能亲自到现场感受一下，就是再理想也不过的了。

文字与景观两种语言的差异以及言语思维和图式思维的差异使景观设计中在二者之间进行的转换成为必要。由于言语思维和言语活动是历时性的、线性的，它很难对许多复杂的要素同时进行描述，更难于同时交待要素间错综复杂的关系，所谓"花开两朵，各表一枝"，不论是正叙、倒叙还是插叙，事情都要一件一件按照先后分别表述，词语也要按照语法规则有条理有顺序地展开，对诸要素及其关系的陈述有赖于读者的记忆和逻辑思维能力，它需要逐词逐句历时性地展开。而图式思维则可以通过对图像材料的组织很有效地同时呈现复杂的关系,传达共时性的信息,只要短暂的一瞥,复杂的信息及其关系就能被大脑理解。

景观设计的一个重要特征就是需要共时性地处理诸如土壤、地形、日照、水文、植物、动物等自然要素和历史、民族、人口、经济、政治等人文要素之间的关系,并为场地确立有意味的形式。景观中,共时性与历时性是交织在一起的。设计的过程以及对景观的体验过程具有历时性的特征,并且,景观体验不只包括发生在当下的经验,还包括对历史记忆的激活,即对于曾经发生的事件的唤起,尽管如此,整个设计过程中要处理的问题以及最终的设计成果都体现出众多设计要素之间复杂的共时性关系。在景观的设计与体验过程中,单

纯依靠历时性的言语思维方式往往就不够了。场地复杂程度越高,景观要素越多,图式思维的优势就越明显。此外,对于一些很难用语言明确表达的、具有一定模糊性的感受,借助图像往往能够巧妙地、恰如其分地传达出来。图像能够即时性地诉诸人们的感知、体验和领悟。

从图像表达信息的清晰或确定程度来看,它可以大致划分为两大类,即理性的确定性图式和歧义性的不确定性图式。前者如可计量的几何图形、具象的形象、逻辑性的图解等,后者如有双关意味的图像,以及具有抽象、模糊、零乱、非理性等特征的图像。文艺复兴时期的城市、园林往往呈现出一种理性的几何学的确定性图式,它是严谨的逻辑推演的结果;当代许多解构主义的建筑和景观设计则呈现出一种歧义性的不确

图3-88:景观体验还包括对历史记忆的唤起

图3-89:圣马可广场:文艺复兴时期的园林呈现出一种理性的几何学的确定性图式

图3-90：许多当代景观设计呈现出一种歧义性的不确定性图式

定性图式，它们很大程度上是依靠随机性的、非逻辑的想象创造的。当然，这种划分只是相对的，任何确定性图式都有被不同的认知主体做不同解读的可能性；同时，任何不确定性图式也不可能由人们无限制地任意解读，其中，总会有某些东西是可以相对明确地认定的。

确定性图式比较容易理解，用符号学的语言来说，其能指与所指的关系是相对明确的。不确定性图式则复杂得多，虽然它具有某种难以捉摸、难以言表的特质，有的时候却又能准确地把空间中的轮廓线、空间、时间、运动、情感、思想等许多本来看不见的东西呈现出来。比如，说到爱情，就会想到红心的图形，说到循环，就会想到圆圈，梅洛-庞蒂称这种神秘的力量为"把不可见变为可见"的力量，[❶] 这种从不可见变为可见的过程就是这里所说的"转换"。

转换的发生与心理学中所说的"通感"有很大的关系。通感（synaesthesia，或译作common perception）也叫移觉、联觉，它是指某一种感官受到刺激后却在另一个不同的感觉领域中产生体验。对通感，钱钟书先生有一段著名的描述："在日常经验里，视觉、听觉、触觉、嗅觉、味觉往往可以彼此打动或交通，眼、耳、舌、鼻、身各个官能的领域可以不分界限。颜色似乎会有温度，声音似乎会有形象，冷暖似乎会有重量，气味似乎会有锋芒。"[❷] 可见，在不同的知觉领域之间发生转换是很常见的现象，这种转换对于艺术来说是至关重要的。借助通感和转换，艺术才具有了无穷的表现力，音乐可以表现灿烂的阳光，绘画可以表现刺耳的尖叫，建筑可以唤起一种崇高的宗教体验，景观也可以唤醒人们的乡愁和历史感，等等。依靠图式思维以及从言语思维到图式思维的转换，不但"不可见"的主观感受和抽象概念可以变成可见的，而且，经过景观设计师的思考与创造，它们还可以获得物质性的形式，被人们心领神会，供人们体验和使用。

发生在感知领域的这一系列活动并非如某些"观念艺术"的倡导者所宣称的那样只是艺术活动的初级层次，他

❶ 可见与不可见：le visible et l'invisible，见到不可见之物的眼睛被叫做"第三只眼睛"。见：[法]梅洛-庞蒂.眼与心.眼与心——梅洛-庞蒂现象学美学文集.刘韵涵译.北京：中国社会科学出版社，1992.133～134.

❷ 钱钟书.通感.旧文四篇.上海：上海古籍出版社，1979.52.

图3-91：建筑可以唤起崇高的宗教体验

图3-92：景观可以唤起人们的乡愁和历史感

图3-93：景观可以提供丰富的感官体验与独特的感知方式

们认为，艺术的主要目的是传达艺术家更加形而上层次的观念。恰恰相反，艺术不应该沦为观念的图解，尽管艺术必然与某些观念联系在一起，甚至连"艺术并非观念的图解"这个判断本身也是一种关于艺术的观念。如果把艺术的价值局限于图解观念，那么，艺术就成为观念的附庸，而实际上，艺术本身自有其价值，那就是提供丰富的感官体验与独特的感知方式。这种理解虽然看似简

单，甚至会被认为肤浅，但只有这种认识才回归到了美学的本义与核心——感知。自从美学诞生的那一天起，也就是1735年"美学之父"鲍姆嘉通(Alexander·G·Baumgarten，1714—1762)最早使用具有"感觉"意义的"Aesthetics"一词指称他所定义的"美学"的时候，美学就与感觉、感知、感性以及与感觉、感知相关的一切审美对象和审美活动相联系着，只是，鲍姆嘉通定义的美学已经同狭义的美和与之相关的欣赏活动区别了开来，从此，基于感知和体验的审美活动超越了优美或感官愉悦的层次，成为一种与感知和体验密切相关的价值判断。

用景观语言图解观念的作品往往因为过于简单化而失去艺术作品本该具有的意蕴，即使一些著名的设计师也因此产生败笔。像斯图尔海德公园那样把《伊尼德》之类的文学叙事在景观场景中重建，是从文字语言到景观语言的转换；而从景观设计或建筑造型中解读出文字、情节乃至"鸭子"之类的绰号，则是从景观语言或建筑语言到文学语言的反向转换。转换的充分与否，巧妙与否，往往决定了一个作品的品质。一些设计之所以给人媚俗的印象，甚至被人起了绰号加以嘲笑，与缺少语言之间足够的转换不无关系。对于观念、符号、叙事等过于简单化的图解让人觉得生硬、肤浅或庸俗，解读这类图解的过程过于容易，具有过于强烈的确定性，不但谈不上含蓄，甚至还有某种程度的滑稽感。而充分的转换则像诗歌一样具有某种朦胧与多义的属性，它向多元的阐释开

放，艺术的魅力在每个个体的接受者独特的、创造性的解读过程中产生出来。

美国后现代主义建筑的旗手查尔斯·詹克斯（Charles Jencks，1939—）曾经尝试把深奥的科学理论转换为景观设计的语言，可谓雄心勃勃。他在1995年出版了《跃迁的宇宙中的建筑》（The Architecture of the Jumping Universe）一书，其副标题是"一种理论:复杂科学是如何改变建筑和文化的"（A polemic: How Complexity Science is Changing Architecture and Culture），顾名思义，本书是用现代科学的复杂性理论去解释西方当代的建筑与文化，并认为建筑设计应追随新的宇宙观。这里的"复杂科学"包括分形理论、混沌理论、灾变论、大爆炸理论等，涉及现代数学和现代理论物理学领域。这些"复杂科学"也的确非常复杂，真正能够搞清楚的人并不多。即使可以姑且相信詹克斯对此理论有深刻的理解，人们也很难相信，单单凭借其设计作品就能把这些深奥的东西弄清楚。可是，詹克斯在这方面却很执着，他不但提出了"形式追随宇宙观"，还发明了"宇源建筑"（Cosmogenic Architecture)概念，并把自己的理论应用于实践。

1988年，詹克斯和他的夫人克斯维科（Maggie Keswick）依据詹克斯"形式追随宇宙观"的理念创作了一个以"跃迁的宇宙"为主题的私家花园，尝试从混沌的、自组织的、跃迁的宇宙观念发展出景观形式，颠覆现代科学背后机械论的隐喻——宇宙是一架巨大机器。或许是设计师让景观设计承载了过多的意

义，传达了太多的信息，又或许是由于那些新的宇宙观实在是过于复杂，而景观代替文字去表达抽象科学道理的能力毕竟有限，对于那些不了解复杂科学的人来说，这个花园让人费解，而在那些曾经多少了解过复杂科学的人看来，这个作品的一些处理方式又有用景观语言图解观念之嫌，其效果难免生硬造作。连詹克斯的朋友、著名建筑师克里尔（Leon Krier）都一半诙谐、一半认真地小拇指向下比划着大喊这个作品太丑了。

虽然詹克斯意识到了从科学与哲学观念生成的景观设计需要必要的"转换（translating）"，花园像其他艺术一样，不是为了说明或图解（illustrative）某种观念而建造的，它是一种为人提供体验的人造物，❶ 并且,詹克斯夫妇为了这种从理念到景观的转换也想了很多办法，但可惜的是，他在有的地方转换还是不够充分，把景观语言之外的形象和符号用作景观元素的方式太过直接，以至于这个私家花园的一些局部仍然沦为观念的图解。其

❶ Charles Jencks. The Garden of Cosmic Speculation. London: Frances Lincoln Ltd., 2003.13～18.

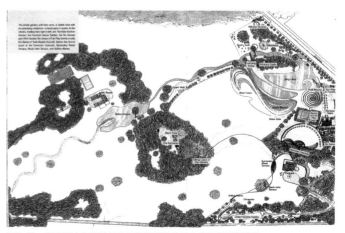

图3-94：詹克斯夫妇设计的花园把景观当作对宇宙观的图解手段
图片来源：Charles Jencks. The Garden of Cosmic Speculation. London: Frances Lincoln Ltd., 2003.36～37.

图3-95："跃迁的宇宙"花园
图片来源：Charles Jencks, The Garden of Cosmic Speculation, London：Frances Lincoln Ltd., 2003.159.

图3-97：五官与DNA园中的鼻子
图片来源：Charles Jencks, The Garden of Cosmic Speculation, London：Frances Lincoln Ltd., 2003.198.

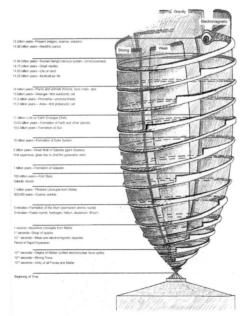

图3-96："跃迁的宇宙"花园图解
图片来源：Charles Jencks, The Garden of Cosmic Speculation, London：Frances Lincoln Ltd., 2003.192.

中，最典型的败笔当属"五官与DNA园"部分。在这里，设计师未加任何处理和转换，简单地把人五官的雕塑分别散置在平面上。这部分花园不但不"复杂"，还显得很浅显，甚至肤浅，然而，肤浅的代价并没有让其"跃迁的宇宙"更为通俗易懂。而花园中另外一些模仿宇宙模型的装置则过于深奥，恐怕加上说明文字也很难让人弄明白，并且，这些宇宙模型也并没有进行足够的语言转换，它们只不过是当代物理学家为他们所理解的宇宙所绘制的图解的三维复制品，而詹克斯的花园则俨然成了露天科技馆。

相对于用景观语言诠释复杂的科学原理，一些比较简单的题材在经过语言的转换后反而容易取得成功。北京动物园中，在袋鼠生活的区域附近有一群

图3-98：北京动物园中用树木枝干制作的袋鼠

图3-99：雕塑家展望的雕塑《来自天堂的礼物》
图片来源：盛杨主编.20世纪中国城市雕塑.南昌：江西美术出版社，2001.137.

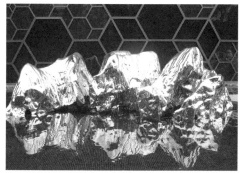

图3-100：展望的雕塑

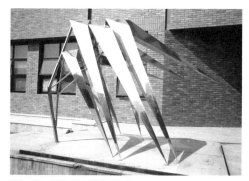

图3-101：雕塑家文楼的雕塑作品

用树木枝干制作的袋鼠形象，卡通化的造型富有童趣，不加雕琢的枝干质朴简练，再加上合适的环境，就成了一个比较成功的设计作品，适度而巧妙的转换在这里起到了关键作用。语言转换的角度很多，可以像枝干制作的袋鼠那样在造型上做文章，也可以通过改变色彩、材质等手法完成转换，给人耳目一新的感觉。青年雕塑家展望有很多雕塑是用不锈钢复制天然的石头，这些石头有花岗岩石块，也有太湖石。经过材质的转换，原本在江南古典私家园林中大量使用的太湖石获得了极强的现代感，当它们被置于现代景观中的时候，也产生了很新颖的效果。类似地，香港雕塑家文楼以竹子为题材的雕塑也使用了不锈钢材料，这些经过抽象变形的竹子被设置在现代建筑旁，原本与古代文人雅士相联系的竹子又获得了全新阐释的可能性。

可见，语言的转换是一种创造性劳动，这种创造性体现在它开启了对世界以及对艺术本身独特的理解与感知方式，这新的理解与感知同肤浅的感官愉悦不可同日而语，它正是艺术的价值所在，这价值不是借助简单的图解手段就能实现的。

语言之间转换的手段非常丰富，《景观叙事：讲故事的设计实践》一书的第二部分结合具体设计实践对景观设计中一些常见的叙事策略进行了归纳，即：命名（Naming）、序列（Sequencing）、揭示（Revealing）、隐藏（Conceal）、聚集（Gathering）、开启（Opening），这些策略就是从文学语

图3-102：语言之间的转换手段非常丰富

言到景观设计的空间语言之间的转换方式。书中还反复使用了"模拟、类比（analogue或analogous）"一词，比如在第10页中作者所提到的类比是指景观设计中通过一系列场景序列的设置来模拟线性的叙事过程，这其实就是书中所谓"序列"叙事策略。该书归纳的这些叙事策略只涵盖了从文学性叙事到景观语言之间的转换，而对那些以声音、形状、色彩乃至身体为载体的语言到景观语言的转换则尚未涉及。事实上，在艺术中，各类语言之间的转换手段非常丰富，甚至可以说是无法穷尽的，于是，景观设计就有了无限的创造空间。

第六节 作为语言要素的景观元素

词素是用于构词的成分，是词中所包含的最小的意义单位。词素或语素是西方语言学中morpheme一词的汉译。当从词法的角度看时，它被叫做词素；当从句法的角度看时，它被叫做语素。因此，词素与语素的区别只是体现在使用角度的不同上，二者本质上没有区别。

词素是构成词的基本单位。词则是语言中最小的能独立运用的单位。以汉语的"设计"一词为例，"设"和"计"字都是词素，它们虽然可以单独使用，但是，相对于"设计"一词的含义来说，它们的单独使用是没有意义的。英语的构词法也有类似的规律，由一个词根按照某种词法就可以派生出许多新词。比如，由spect可派生出spectacle、spectator、spectacular等词，其中的spec、acle、ator、acular都没有可以独立使用的可能。所以，在句法学中，虽然词还能再分为词素，但词素不能单独传达意义，只有最小且能独立运用的"词"才具有实际的使用价值。

古代汉语的词汇大多是单音节的字，一个字就是一个词，这与英语词汇以多音节为主不同。学习汉语要查字典，而英语只有词典没有字典。现代汉语比古代汉语使用更多的双音节和多音节词汇，汉语词典的使用就更多了。不论是单音节的汉字还是多音节的词汇，和任何语言一样，也都遵循一定的词法。古人把汉字造字的原理总结为"六书"，即象形、指事、会意、形声、转注、假借。其中的象形与指事是造字法，会意和形声是组字法，转注和假借是用字法。如果把单音节汉字作为词汇看待的话，六书中的造字法和组字法就是典型的词法，与英语的构词法本质上没有太大的差别，都是对某些最基本、最原始的语言要素进行创造和再创造。

与自然语言类似，景观设计的语言也有自己的词法和句法。景观中的元素虽然在理论上也可以分割为更小的层次，甚至分割到肉眼所不及的微观粒子层次，但至少从景观的形式设计角度看，这种在不可见层次的分割并不具有实际意义。

词汇是所有词的总和。在语言的实际应用中，从词汇的性质及其作用上看，它们可分为三种类型，即概念性词汇、功能性词汇和修饰性词汇。如果用语言学的方法分析景观，把景观元素与词汇相对应，那么，景观的词汇也可以同样分为概念性词汇、功能性词汇和修饰性词汇三大类。

举例来说，卡尔维诺的《看不见的城市》中有这样一句话："人假使在荒地上走了很长的时间，自然就会期望到达城市。"这里的每一个词都是语言中最小的能独立运用的单位，都有特定的、具体的意义，都是人类的思维在语言中的表达，因而都具有概念性，是概念性词汇；这句话可以精炼为"人期望到达城市"，这句短句子中的词构成句子主体，传达最基本的意义，满足传情

达意的最基本功能需求，因而，这些精简后的词属于功能性词汇；而那些被精简掉的词是为了限定或详细描述功能性词汇，其作用是使意义的传达更充分，语言更有表现力或感染力，即使去掉它们，也不会影响基本意思的表达，因而，被精简掉的词是一些修饰性词汇。这是三类词汇在自然语言中的情形。

类似地，在景观语言中，与概念性词汇对应的是纯粹的几何形式，即点、线、面、体这些基本的形式元素，它们是人类思维对客观物质世界加以抽象的产物，是现代景观的基本语言要素。一切视觉形式在抛开具体的质料后都可以还原为纯粹数学意义上的几何形式，这些几何形式是建构形式系统的基础。不但景观形式可以还原为概念性词汇的组合，而且，这些概念性词汇还可以直接用来进行景观形式的创造。现代景观设计中，直接应用最基本的概念性词汇的做法是很常见的做法。为了追求形式语言的纯粹性，很多景观设计作品不加变形地使用正方形、三角形、圆形等最简单的形式，还有些作品执着于只使用某一种几何形状，从而达到景观语言的极端纯粹主义。这类作品犹如现代抽象绘画，具有一种"不透明的"效果，它们尽最大可能地摆脱形式语言之外的意义，形式指向自身，而不是其他的表现对象。设计师希望人们感知的也仅仅是抽象的形式语言的美感，如果企图透过这些形式寻找外在的对象，特别是某种文学性的信息，就会一无所获。所谓"景观叙事"在这种类型的设计中基本

图3-103：景观语言中的纯粹主义

上是没有容身之地的。而如果观众真的固执地相信"景观叙事"，自己为这样的景观作品主观地附会上某种信息，恐怕只能另当别论了。

景观语言中的功能性词汇，指的是景观中提供实际使用功能的物质性元素。很难找到一个只具有单一功能的景观，景观一般都是多种功能的提供者。所以，尽管有些景观使用了单纯的概念性词汇，如三角形，但是从功能的角度来看，这些景观所使用的功能性词汇又不可能是单纯的。为了解决复杂的功能问题，设计师使用的多种策略，其中，最具有理性主义特征的当属现代主义的功能分区方法，即力图在场地上为每一种需求找到与之相对应的合适的空间。在每一个功能分区中，还需要一系列元素来满足更为具体的功能。例如，在一个公园的入口区，为了引导游人的行走，需要设置洞口、大门、道路、标识物等设施，以及配套的售票、检票、寄存、休息、咨询等设施。与这些细化的功能相对应，就要为使用者提供更加具体的结构性和功能性要素，比如大门的门扇、门框、门锁、把手以及大门附着

的墙体等。这一系列功能往往由一系列概念性词汇组合而成，因而具有更加复杂的物质形态。一般来说，功能越复杂，涉及的元素种类就会越多，景观的整体形态也就可能越复杂多样。例如，游乐场的过山车和摩天轮比一把座椅复杂，因为它们必须把许多结构性和功能性要素精确地整合在一起。

景观语言中的修饰性词汇一般是指那些并非为了满足功能需求或结构上的要求而存在的景观元素，纯粹修饰性词汇的增减不会影响景观结构和功能上的合理性，但修饰性词汇并非因此就是可有可无的。在文学作品中，如果去掉修饰性词汇，不但叙事或意义的传达会大打折扣，而且，作品还会索然无味，艺术性也就根本无从谈起了。修饰性词汇

图3-104：某公园入口

图3-105：摩天轮

与景观的艺术表达有很大的关系，它们的使用充分体现了景观的文化性。作为一种文化符号，修饰性词汇可以深化设计主题，烘托景观氛围，赋予景观更鲜明独特的性格，使设计师的意图得到更充分地传达，也帮助人们更深切地领会这种意图，强化人们的景观体验。从文化的角度讲，修饰性词汇的使用能赋予景观更鲜明的文化特征，更充分地体现一个民族或一个地区居民的文化身份，这样的景观因而更容易获得公众普遍的文化认同。

从世界各地保留下来的原始文化遗迹来看，修饰性词汇的使用几乎与人类文明相生相伴，不论是在身体上的装饰，还是服装上的饰物，不论是建筑上的装饰构件，还是口头或书面的文学作品中的修辞，修饰性词汇的使用无处不在，对修饰性词汇的喜爱可以说是人类与生俱来的天性。汉语中的"文"字起初与"纹"同义，指线条交错的图形或花纹，也就是《说文解字》所解释的"文，错画也，象交文"。从字面上看，"文化"内在地含有"纹饰"、"文饰"、"修饰"的意思。西汉刘向的《说苑·指武》中说："凡武之兴，为不服也。文化不改，然后加诛"，这里的"化"字是个动词，是用文明去教化，使之有文化的意思。没有修饰，文化就无从谈起。摒弃"装饰"，就是摒弃文化、拒斥文明的表现之一。"文"与"质"——即本质、实体——相对。《论语·雍也》指出："质胜文则野，文胜质则史，文质彬彬，然后君子。"

图3-106：修饰性词汇的使用体现了景观的文化属性

图3-107：中国古代建筑中结构性装饰与装饰性结构的统一：河北正定县文庙大成殿内外槽空间及梁架

用这种观点去理解修饰性词汇与另外两种词汇的辩证关系是再合适不过的了。

修饰性词汇不但不可或缺，而且甚而至于是一些民族艺术的灵魂。以中国古代建筑为例，按照日本学者伊东忠太的说法，中国建筑精髓和价值，恰恰便体现在它的装饰上。❶ 中国古代建筑对于结构性装饰与装饰性结构关系的处理，充分体现了孔子"文质彬彬"的美学理想，也体现了中国艺术理性主义与浪漫

❶ [日]伊东忠太.中国古建筑装饰.刘云俊等译.北京：中国建筑工业出版社，2006.2.

主义的高度统一。但是，盛行一时的现代主义曾经信奉"装饰就是罪恶"的观念，修饰性词汇在建筑与景观设计中被尽可能地剥离。这种做法就像要求人们说话时不要使用形容词和副词，不要使用修辞，不要使用表情和手势。现代主义者也许觉得这样说话很酷，但是，听众要不了多久就会觉得索然无味。具有讽刺意味的是，被现代主义剥夺了装饰的建筑本身却成为一种巨大的装饰，也就是罗伯特·文丘里所说的"鸭子"。在后现代主义的鼓吹下，装饰的文化价值、艺术价值、商业价值等被重新发现和认可。现代主义对修饰性词汇的否定持续了不到一百年，这与人类漫长的装饰历史相比是非常短暂的，但它对人类文化的多样性却起到了不可低估的破坏作用，这个教训从反面说明了修饰性词汇在各种语言中的重要价值。

三种类型词汇存在着兼容关系，它们互不排斥，并且可以互相转化，这主要取决于语境。还是拿《看不见的城市》中的那句话来说，如果把"假使"去掉，即"人在荒地上走了很长的时间"，它就转化成了具有完备功能性的句子，而不再是一段起修饰作用的、限定某种条件的短语。其中的"人"和"走"两个词分别作为主语和谓语就充当了功能性词汇，与这两个词相区别，"在荒地上"、"很长的时间"等词语仍然属于修饰性词汇，更具体地从时间与空间两个角度说明"走"的状态。可见，一个词潜在地可以同时具有概念性、功能性和修饰性。类似地，同一个

景观元素在景观语言中也可能同时具有这三种性质。其实，正如人们说话不可能绝对拒绝使用任何形容词一样，除了现代主义那种严格排除装饰以追求语言极端纯净的做法以外，很难找到更多仅仅使用功能性词汇的设计。比如，巴塞罗那植物园入口的大门就同时具有概念性、功能性和修饰性，是三种性质词汇的统一体，在这里，人们很难确定哪一种性质更重要，或占有更大的比重。巴黎蓬皮杜艺术中心外的巨大管道既是排风管道，又可以看成一件现代雕塑，与艺术中心的外立面和谐地构成一个整体。它在功能上或许不比其他建筑中的管道表现更优异，但从艺术性的角度衡量，它无疑是很成功的。

一般而言，概念性词汇的运用保证了语法的正确性，功能性词汇的运用保

图3-108：巴塞罗那植物园入口

图3-109：巴黎蓬皮杜艺术中心外的巨大管道

证了结构与功能上的有效性，修饰性词汇的使用增添了作品的艺术性，但每一种词汇的作用往往不是单一的，简单的概念性词汇如果运用巧妙，一样能够产生很好的艺术效果。在电影《麦兜响当当》中，小猪麦兜说过一段很有意思的话："我最喜欢吃鸡！我妈妈最喜欢吃鸡！我最喜欢和我最喜欢的妈妈一起吃妈妈跟我都最喜欢的快快鸡！"第一句话中，只有"最"字属于修饰性词汇；第二句话中，也只有"我"和"最"字属于修饰性词汇，其余的词都属于不能再精简的功能性词汇；到了第三句话中，前两个主要由功能性词汇构成的句子经过适当调整，被串联在一起充当了一个长长的修饰性词汇链条，从语法上看不存在错误，却让人乍一听晕头转向，不知所云，仔细回味又妙趣横生，很有表现力。某品牌电脑的广告模仿了这种处理手法："我妈妈最喜欢我，我最喜欢小歪，我最喜欢和最喜欢我的妈妈一起用最喜欢我的妈妈最喜欢的我最喜欢的小歪。"虽然这段话缺少原创性，但喜剧性效果却一点也不逊色。类似地，修饰性词汇也很有可能使功能更完善，甚至提供某些新的功能。只有兼顾语法规则正确、表述准确有效并具有形式美感的语言才能称得上是一种艺术语言，三种性质词汇的有机结合才能使语言的艺术性体现得更充分。

类似的现象在景观设计中同样屡见不鲜。在西方一些现代景观设计中不厌其烦地使用的三角形本来是一种简单到极致的几何形状，它只有三条边，如果再去掉一条边的话，平面就无法成立了，但是，设计师通过对这种概念性词汇的巧妙运用，不但满足了复杂的功能需求，而且，变化万千的三角形织成的网络还充当了修饰性词汇，对景观的各个界面进行了有效的装饰，取得了以少胜多的艺术效果。

仅仅研究上述三类词汇的性质与作用还不足以囊括语言的所有层次。词

图3-110：在西方一些现代景观设计中不厌其烦地使用三角形

图3-111：三角形树池

图3-112：三角形树池

法和句法两大部门的总和是语法，如果说词法是第一个层次，句法就是基于词法的第二个层次，这两个层次之上就是第三个层次——语法。应用这三个层次的规则，就能满足日常的语言交流需要了。但是，如果要完成一部文学作品，就涉及到一个更高的层次——章法，即整个作品的宏观结构。章法是语言学很少涉及的层次，因为，作为一种更宏大的组织结构，章法属于语言艺术而非语言规则的范畴，章法是一个涉及形式美的命题。音乐、戏剧、电影、文学等讲究章法，主要是在时间上进行整体的布局，书法、绘画、建筑、景观艺术形式讲究的章法则主要是在空间上进行通盘的安排，这些安排与布局包括开始、段落、连接、转折、高潮、张弛、快慢、繁简、疏密、显隐、先后、铺陈、呼应、收束、结束等。明末大书法家董其昌在《画禅室随笔》中说："古人论书，以章法为第一大条。"这个论断同样适用于其他艺术门类，包括景观设计。好的文学作品不是华丽辞藻和优美语句的堆砌，优秀的景观设计作品也不是各种景观元素的任意拼凑，而是从词法到章法在每一个结构层次都做到符合语言规则并在这些规则的制约下发挥最大的创造性。在具体的创作过程中，尽管难免要一再从小处入手，但成功的作品一定始终是从大处着眼的。

正如维斯顿·斯本所说："与词汇意义的产生相类似，直到被语境塑造之前，景观元素（比如水）的意义不过是潜在的。"[1] 这也应了"语言是形式而

[1] Ann Whiston Spirn. The Language of Landscape. Yale University Press.2000.15.

不是实质"那个论断。假如不能在一定的语境中获得与其他元素的关联，从而获得诸元素之间的组织形式，景观元素就不会真正获得语言要素的性质，也不会产生实际的意义。一方面，作为整体组织结构的章法是按照篇章、段落、语句、词汇这样的层次由大到小地组织起来的；另一方面，句子、段落与篇章又在不同的层次为词汇提供语境，从而使词汇潜在的意义被呈现出来。

图3-113：景观设计的章法
图片来源：Le Nord de la France, Laboratoire de la Ville, Espace Croisé, janvier, 1997.40.

图3-114：在特定语境中，景观元素获得了意义

第四章 景观元素的层次

JINGGUAN YUANSU DE CENGCI

第一节 生命体的启示

古希腊的阿那克萨哥拉主张物质具有无限可分性。无限可分性在数学中是可以理解的，因为，不可能存在一个不能再分的数字。在几何学中，这也是成立的，因为，任何图形都可以被无限制地分割为更小的单元，不可能存在所谓"最小"的终极单元。但是，这种理论在物质世界是否成立，则是很难证明的，至少，比阿那克萨哥拉稍晚的原子论者是不同意这种观点的。阿那克萨哥拉的反对者认为原子是不可分的，否则它就不是原子了，因为原子论者所说的原子是构成物质的最小、最基本单元。按照原子论者的意见，由于原子不再可分，则世界上的原子总数就是可以确定的，事物之间的关系也就存在确定性，一切事物都是被某种原因所决定的。因此，原子论者们是严格的决定论者，他们对自然界的规律确信无疑，对于偶然性大多持怀疑态度。他们认为，没有什么事情会无缘无故发生，一切都在必然性掌控之中。

2000多年之后，近代科学取得了巨大的成就，从对于必然性的态度上看，近代科学与这些原子论者的见解是一脉相承的，近代科学只是把决定论推到了

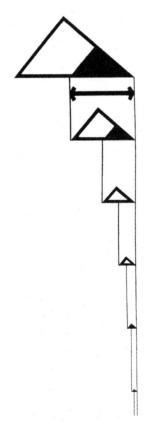

图4-1：无限可分的图形
图片来源：[英]罗素.西方的智慧.崔权醴译.
北京：文化艺术出版社，1997，66.

更精密、更确定的程度。对此，爱丁顿（A·S·Eddington）不无调侃地用一长串数字进行了表述："宇宙里有15，747，724，136，275，002，577，605，653，961，181，555，468，044，717，

914、527、116、709、366、231、425、076、185、631、031、296个质子，并有同样数量的电子。"❶ 宇宙间的粒子总量是确定的，并且，没有一个粒子的存在能够没有原因，一切皆有安排。这一长串数字想来不会是确切的，可是谁又在乎呢？至少，它看上去是那么科学，那么确定。对于数据的崇拜让现代人不愿再严肃地对待不能精确量化的东西，似乎这才能体现一种科学精神。

原子论与无限可分性理论都同意事物可分，它们的矛盾只是在于分割有没有限度，有没有终极。既然事物可以分割为更小的单元，那么，不论这种分割有没有终点，它都有从大到小、从高到低的层次。

对景观和景观元素进行分析除了可以借鉴哲学中的还原论，语言学与生命科学的视角也是很有启发意义的。从语言学的视角去分析景观和景观元素，可以对景观语言的规律有更明确的认识，而借鉴生命科学对于生命体的分析，则有助于站在更加宏观的、整体的、有机的视角从不同的层次理解景观，并对还原论与整体论的立场有更清醒的鉴别。

按照还原论的逻辑，所有生命体都可以按照从复杂到简单、从高级到低级划分为几个层次：完整的生命机体、组织和器官、细胞、分子，每一个次一级的层次都是它上面一个层次的原因，一个生命个体就是所有层次的构成要素的总和。生命现象归根结底都可以还原为一系列化学反应，而化学反应在更微观

的原子层次又不过是一系列物理变化。这样，生命现象与无生命的物质现象之间的鸿沟似乎就不存在了。正是由于相信这一连串还原之间存在必然的关联，一些乐观的科学家们才执着于人造生命的创造。按照这个逻辑，人们完全有理由假设，在理论上，像发电报或电子邮件那样在瞬间把一个人传送到地球的另一面是可能的，只需制造一个仪器，把人分解为电子和质子，借助光速传播的电波，把这些粒子传送到目的地，再用另一个仪器按照原来的编码对它们进行重组，生命就会随着肉体的重建在另一个空间延续。这个重建的肉体中，自然也带着原有肉体中的灵魂，因为，在还原论者看来，所谓灵魂，不过是由构成大脑的一堆化学物质的反应引起的现象，灵魂在精确重建的肉体中也必然会被复原。

事实上，还原论的逻辑似乎过于简陋，也过于乐观了。对这种逻辑抱有怀疑的人当中就有一些亲自从事生命科学研究的科学家。美国生物学家斯蒂芬·罗思曼（Stephen Rothman）基于自己的研究指出，生命体的各个层次之间事实上存在着非连续性，至少就目前人们掌握的知识来看，那个构成各个层次之间连续性的、从生命体到分子之间的"桥梁"是不存在的。构成生命的全部物质因素的总和——分子和化学反应——并不能解释生命得以产生的原因，一定还有某种超越物质性的东西不为人们所知。斯蒂芬·罗思曼表示不能理解的是，构成大脑的化学物质是怎样引起大

❶ [美]亨利·哈里斯.科学与人.商梓书.江先声译.北京：商务印书馆，1994.149.

脑神奇活动的。❶ 其实，他似乎忽略了另一种可能，即这些化学物质的变化也可能是大脑内部某种神奇的活动引起的，由情绪的变化可以引起血压、内分泌系统乃至整个身体的生理变化就是个非常常见的现象。到底哪个是因，哪个是果，这无异于那个先有蛋还是先有鸡的悖论。人们最终不得不求助于哲学思辨，求助于逻辑、推理和判断力，无可救药地回到是物质决定意识还是意识决定物质这个永恒的命题上去。

由于无法在生命体各个层次之间建立连续性的"桥梁"，还原论就暴露出致命性的缺陷——从宏观到微观层次的分解和从微观层次到宏观层次的还原能否总是顺利实现就成了问题。人们很难确证，在这样两种相反的过程中不会有什么东西被忽略或遗失，这遗失的东西可能是灵魂，也有可能是生命，它们都是生命体不可或缺的部分。构成生命体各个层次之间连续性的"桥梁"虽然并不存在，却不必因此而否定对每个层次分别加以分析所具有的意义。同样，对景观元素的各个层次进行划分并分别加以研究虽然有丧失各层次之间连续性的危险，但是，如果缺少对于子系统层次的研究，对于系统整体的把握也不可能达到一定的深度。此外，借鉴生命体层次的划分方式去理解景观毕竟只是在二者之间建立一种类比，其目的不过是为了使各个层次上对景观的分析能够更加形象，完全没有必要寻求生命体与景观各自层次之间严格的一一对应，因为，它们之间的不同是毋庸赘言的。

生命体的种类具有极大的丰富性，每一个物种又具有不同的复杂性，从简单的单细胞生物到像人这样的高级生命，每一种生命体所包含的子系统层级数量是不同的。从生命的整体到各个子系统层次的划分以及各个层级之间的关联是个非常复杂的问题，以人为例，从尚不具备生命的分子到包含生命信息的DNA，再从细胞到组织和器官，还有更高一级的各类系统，共同构成了机体的内部构件，机体外部则由头部、躯干、肢体等主要部件构成，机体与灵魂构成生命的整体。

按照上海人民出版社1975年版《辞海》生物分册的解释：

细胞是表现生命现象的基本结构和功能单位。

组织是指多细胞动植物体内由相似的细胞和细胞间质组成的基本结构，各有一定的形态结构和生理机能。高等动物有四大类组织，即上皮组织、结缔组织、肌肉组织、神经组织。

器官是指生物体内由多种组织构成的能行使一定机能的结构单位。如动物的消化器官、排泄器官、呼吸器官、循环器官、生殖器官、感觉器官。

系统则是指生物体内能共同完成一种或几种生理功能而组成的整套器官的总称。如消化系统是由口腔、咽道、食管、肠、胃等器官组成。

每一个层次都同时作为结构单位和功能单位而存在，随着层级的递增，结构单位和功能单位的复杂性也逐次增加。值得强调的是，以人为代表的高

❶ [美]斯蒂芬·罗思曼.还原论的局限——来自活细胞的训诫.李创同，王策译.上海：上海译文出版社，2006.5~8.

图4-2：米开朗基罗的天顶壁画《创世纪》中的《创造亚当》，上帝把生命赋予亚当的肉体
图片来源：http://ce.sdust.edu.cn/_UploadFiles/2009-3/creation-adam.jpg

图4-3：景观是有生命的

图4-4：景观是有生命的

等级生命体包含了上述所有层次，但生命体却不等于这些层次与外在肢体的总和，这个总和能够构成完整的肉体，却不足以成为一个活生生的生命体，因为，它们尚未包含斯蒂芬·罗思曼所说的从生命体到分子之间的那个未知的"桥梁"。文艺复兴时期意大利画家米开朗基罗绘于罗马西斯廷小礼拜堂的天顶壁画《创世纪》中的《创造亚当》很形象地表明了肉体与生命体的区别。上帝与亚当的手指发生接触的一霎那，神奇的生命被赋予亚当那原本无知无觉的肉体，从此，人作为一个完整的存在才诞生了。

类似地，景观也不能仅仅看作各个层次的景观元素的总和，景观是有生命的。从环境科学的视角来看，整个大地就是一个遵循自组织原则生长着的有机体，借用盖亚假说的说法，盖亚就是各种尺度景观的母体，不论宏观的景观还是微观的景观，都生长在母体上，并像它们的母体一样，是活的生命体，这种说法绝不只是一种隐喻。

从语言学的角度看，语言是持续变化着的，它不是一些语素的静态组合。一种语言中的语汇有些要消亡，有些又不断产生出来，就像有机体一样，它始终处于新陈代谢之中，一旦新陈代谢停止，一种语言就会失去生命力，就不再能够反映变化中的社会生活。这些变化反映在词法和句法上，也反映在语义性和语用学上。在信息时代，网络语言的高频率刷新就很说明问题。每年都有类似"雷"、"潮"、"宅"、"萌"、"纠结"、"俯卧撑"、"打酱油"这样的词语大批产生和流行，并有取代一些原有词汇的趋势，如何选择、收录和解释这些词汇，恐怕会让辞书的编纂者们大伤脑筋。从文学作品的角度说，不但遣词造句难免带有时代的烙印，连章法也不是一成不变的。特别是一些前卫的文学思潮，如意识流、解构主义等，都在各个层次创造性地使用语言。同样，景观语言也在随着时代的脚步不可避免地发生变化，中国人引以为骄傲的古典园林及其语言在现代景观设计中已经很难直接搬用，而许多新的设计语汇在不断地丰富着可供设计师使用的景观元素，对新旧语汇以新的方式加以应用

❶[美]苏珊·朗格.艺术问题.滕守尧译.北京：中国社会科学出版社，1983.130.

也在昭示着景观语言的生命力。

从艺术的视角来理解，也能得出同样的结论。任何艺术作品都不只是一些媒介材料的堆积，艺术家的意图、艺术作品所处的人文语境、接受者对作品意义的个人化阐释，乃至艺术品本身，从方方面面都表明艺术是一种活的存在。与其他艺术一样，景观也是有着强大生命力的。这生命力不只表现在景观的整体，也存在于各个层次的景观元素中。景观元素离开其结构整体就会丧失它在整体语境中的意义，景观的意义不是众多元素意义的总和，正如生命不是身体部件的组合。美学家苏珊·朗格曾用生命体打比方来说明艺术符号、意义与整体的这种不可分割的关系："有谁能够分清自然界中各种有机体的生命有多少是存在于它们的肺部，有多少是存在于它们的腿部？假如我们给某有机体增加一条可以摇动的尾巴，又有谁能够认出它因此而增加了多少生命呢？因此，艺术符号是一种单一的符号，它的意味并不是各个部分的意义相加而成。"❶

只有对景观元素与景观整体的关系有了清醒的认识，对景观的生命本质有了明确的领悟，才可以对景观元素进行层次的划分并分别加以研究，同时避免以割裂的思维方式去分析有生命的景观。

对于景观层次的划分不应以尺度为标准，因为，虽然次一级元素从尺度上说比上一个层次的元素更小，但尺度并非元素的唯一属性，元素之所以被称作元素，最重要的原因还是因为它们更为基本，并

图4-5：古典园林的语言在现代景观设计中很难直接搬用

且常常成为其上一层次的原因。

　　有人大致按照以10为倍数的等比数列把常见景观项目类型的基本尺度大致划分为从10m见方到100km见方的六个尺度等级。❶ 需要指出的是，这六个等级及其级差不必是精确的，也不必是固定不变的，它们会随着每一个特定项目的具体情况而呈现相应的变化。而且，麻雀虽小，五脏俱全。正如小巧的麻雀与体形庞大的狮子都是由细胞、组织、器官、系统、头部、肢体、躯干、灵魂以及宏观层次上的整个生命体这样一些层次的结构所构成，在不同尺度的景观项目中，也都必然包含着同样丰富的元素层次，在空间尺度上的住宅庭院与社区尺度的大学校园一样，都需要考虑空间形式、功能的划分与整合、设计风格、场所特征等因素，这些因素中的某一种并不会由于尺度的缩小而不复存在或可以被设计师忽略，小尺度的景观设计未必比大尺度的景观更容易设计，它们对设计师的要求也未必更低，相反，一个成功的小尺度花园设计完全有可能比一个失败的大尺度城市广场更具有魅力，更耐人寻味。

　　所以，这里对景观元素层次的划分不能仅仅从尺度的意义上去理解，而是要参照生物学的概念，从形式与功能、形式与质料、物质与精神、部分与整体等角度切入，把景观元素划分为三个层次：

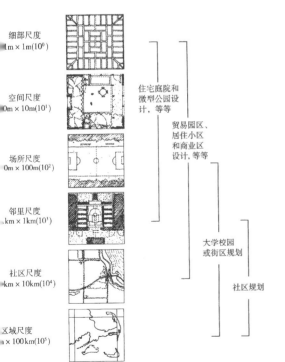

细部尺度
1m×1m(10^0)

空间尺度
10m×10m(10^1)

场所尺度
100m×100m(10^2)

邻里尺度
1km×1km(10^3)

社区尺度
10km×10km(10^4)

区域尺度
100km×100km(10^5)

住宅庭院和微型公园设计，等等

贸易园区、居住小区和商业区设计，等等

大学校园或街区规划

社区规划

图4-6：常见项目类型的基本尺度概念
图片来源：[美]尼古拉斯·T·丹尼斯，凯尔·D·布朗.景观设计师便携手册.刘玉杰，吉庆萍，俞孔坚译.北京：中国建筑工业出版社，2002.6.

图4-7：一个小尺度花园完全有可能比一个大尺度的城市广场更有魅力

图4-8：一个拒人于千里之外的城市广场毫无魅力可言

❶ [美]尼古拉斯·T·丹尼斯，凯尔·D·布朗.景观设计师便携手册.刘玉杰，吉庆萍，俞孔坚译.北京：中国建筑工业出版社，2002.6.

第一，对应于生物学中的分子、DNA、细胞等不能为肉眼所见的层次，可以把形式元素称作"景观的DNA"。DNA即脱氧核糖核酸，是由一些特殊核苷酸分子按照特定顺序排列形成的大分子，一般呈特殊的双螺旋状。它是构成生命体的主控分子，存储了生命的密码，也就是机体能够维持生命的全部信息。在机体中，DNA无处不在，它存储着机体维持生命的全部信息。相对于非物质性的信息，DNA分子的物质构成则显得不那么重要。类似地，景观的形式在景观中也是无处不在的，并且，按照亚里士多德关于形式与质料的分析，景观形式赋予某一景观作品中的质料特定的本质和形态，使之与其他作品区别开来。换句话说，景观作品的独特性是由其形式决定的，它无关质料。景观形式高于、先于、独立于具体景观材料而超然地存在。尼科斯·A·萨林加罗斯把形式语言比作"基因要素"，同这里用DNA与形式元素相对应的做法并没有本质上的不同。基因是DNA序列上有遗传效应的特定片段，它是DNA中表达遗传信息的那些部分。"基因要素"的说法同样是在强调形式元素在设计中的"主控"地位。❶

第二，对应于生物学中的组织、器官、系统等内部构造与能为肉眼直接看见的大脑、躯干和四肢，可以把景观的功能元素称作"景观的机体"。作为生物体内发挥特定机能的结构单位与功能单位，组织、器官、系统和机体的功能性比其外在的形状、色彩等形式因素更为人们看重，尽管这些功能性结构的

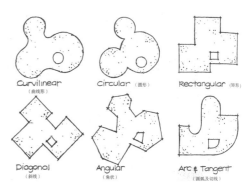

图4-9：构成景观形式的各种DNA
图片来源：[美]诺曼·K·布思，詹姆斯·E·希斯.独立式住宅环境景观设计.彭晓烈主译.沈阳：辽宁科学技术出版社，2003.240.

图4-10：市政设施等景观的功能元素

形式并非无足轻重，因为这些形式的正常与否直接关系到其功能是否能够正常发挥。类似地，景观中的开放空间、交通系统、建筑物、生态基础设施、市政设施等系统也是维持景观存在和运转的基本功能性系统，如同动物的消化、排泄、呼吸、循环、生殖、感觉等器官，它们不但维持着机体自身的健康，而且，还为人与其他生物提供各种服务。

第三，对应于生物学中的"生命"，可以把景观的精神性元素称作"景观的生命"或"景观的灵魂"。这种元素看不见，摸不着，却又可以分明地被感知与领悟。它以形式元素和功能元素为载体，贯彻于景观的整体。正如

❶ [美]尼科斯·A·萨林加罗斯.建筑论语.吴秀洁译.北京：中国建筑工业出版社，2010.225.

图4-11：景观中的精神性元素

生命之于生物，景观的灵魂是景观中最有价值的东西。一个景观的功能可能很完善，形式可能很完美，但是，如果缺少对于精神性元素的考虑，它就不过是一堆景观材料的集合，很难给人场所感和归属感，也不可能成为具有人文精神的生命体。

上述三个层次中，景观的形式元素无关质料，是纯粹的、抽象的；作为"景观机体"的功能元素要借助真实的物质材料实现其功能，它最为具体；精神元素是一种无形的理念，它依赖于形式与质料又超越形式与质料，它比形式元素还要抽象，人们甚至很难描述这种元素。

第二节　景观的DNA：形式元素

1985年得到诺贝尔文学奖提名却因猝然去世而与该奖失之交臂的意大利作家卡尔维诺（Italo Calvino，1923—1985）在《隐形的城市》中写有这样一段文字："忽必烈汗已经留意到，马可·波罗的城市差不多都是一个模样的，仿佛只要改变一下组合的元素，就可以从一个城转移到另一个城，不必动身旅行。于是，每次在马可描绘一个城市之后，可汗就会在想象中出发，把那城一片一片拆开，又将碎片掉换、移动、颠倒，用另一种方式重新组合起来。"❶ 大汗忽必烈很敏锐地觉察到了一种通过操作各种元素来构建城市的设计方法，这种方法对很多设计师乃至艺术家来说都是不陌生的，它绝不仅仅是忽必烈汗天马行空的想象。据考察，"艺术（Art）"一词的英文词源就有"将事物组合在一起"❷ 的意思，这说明，在很早的时候，人们就认识到，元素组合的方法就是艺术创作的基本途径之一。

卡尔维诺没有明确告诉读者马可·波罗给他讲述的这些由碎片组装起来的城市是不是坐落在中国，但可以非常肯定的是，在中国古代的各种艺术中，早就创造出了模件化（module）和规模化（mass）的生产方式，即首先确定一些基本的元素，再通过对这些要素的复制、变化和拼合构成新的艺术作品。这种做法体现在文字、诗词歌赋、工艺品制造、建筑营造、书法绘画等极为广泛的领域。只是，中国人很少像西方人那样执着地试图把元素还原到终极，无休止地分析似乎不符合中国人的思维习惯。中国

❶[意]卡尔维诺.隐形的城市.陈实译.广州：花城出版社，1991.38.

❷[美]埃里克·布斯.艺术，是个动词.张颖译.南昌：二十一世纪出版社，2009.8.

图4-12：山西五台佛光寺东大殿的梁架

古代虽然大量使用模件化方法，但其着眼点和最终目的是建立一个系统，如由基本笔画构成的文字系统、由繁复的装饰母题覆盖的青铜礼器体系、由材分制度构建出的木构建筑体系等。

20世纪20年代，美国福特汽车公司首创了规模化生产汽车的流水线，在西方，这被看作制造业的一场根本性变革。其实，在此之前，中国的模件化生产已经延续了几千年。中国古代的模件化生产与福特的流水线有一些不同。福特使用的动力比古代中国先进，因而有更高的生产效率。除此之外，福特制造的零部件追求高度精密的标准化，作为构成汽车的元素，每一个部件的尺寸都要符合精准的规格要求，误差是要尽可能排除的。而在古代中国，对于模件的要求却不是用固定的数字来衡量的，模件尺寸的确定是基于相对的比例，而不是绝对的数字。每一个模件都不必是一个标准模型的复制品，就像在大自然中一样，每一片树叶看上去相似，却绝无雷同。类似地，在中医那里，用于描述穴位位置的也不是绝对的尺寸数字，中医说的"分"和"寸"都是随每个个体

而变化的，因为每个人的身高和身材比例都不一样，只有使用相对的度量，才具有实际的可操作性。

度量的灵活性并不意味着精确性的丧失，中国古代标准化的精密程度甚至可以直追两千年后的福特汽车。据考古学家研究，秦始皇兵马俑遗址曾出土青铜三棱箭头四万多支，所有箭头的造型完全一致，每一箭头三个流线型的棱几乎完全等长，各棱之间最小的误差仅为0.02毫米，所有箭头底边宽度的平均误差只有正负0.83毫米，其金属配比也几乎相同，这需要严格技术标准的支持。高水准技术标准的约束并不妨碍多样性的追求，庞大的兵马俑军团中，每一个士兵不论姿态还是面貌的造型都有鲜明的个性，陶俑各部分构件的微妙变化与灵活组合兼顾了生产效率与产品的多样化。

中国古代那种不同于精确复制的模件化理念在今天的后工业时代又重新具有了现实意义。由于信息技术的支持，批量化生产和多样化、个性化之间的关系有了转变的可能，"随意性的格调"被引入一个产品系列后，批量化生产的产品也可以获得个性，追求时尚。❶ 西方后工业时期的设计理念竟然与古代中国前工业时期的理念遥相呼应。

中国古代建筑中的"材分制度"也依据同样的模件化理念。木构建筑的每一个构件都是用"材"和"分"来衡量，材分不是一种对绝对尺寸的规定，而是一种相对的比例关系，它依据每一座具体建筑的整体尺度和规格而确定。建筑上所有构件的尺寸都是材分的倍

❶[法]马克·第亚尼编著.非物质社会——后工业世界的设计、文化与技术.成都：四川人民出版社，1998.72～80.

图4-13：兵马俑军团中每一个士兵都有鲜明的个性
图片来源：赵伟

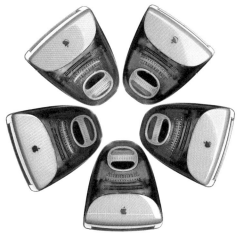

图4-14：苹果电脑iMac系列体现了"随意性格调"
图片来源：http://imacnewreviews.com/images/imac_
flowershot.jpg

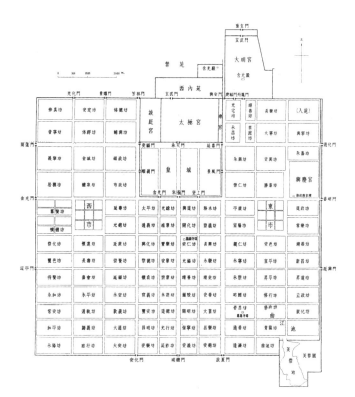

图4-15：唐长安城规划体现了模件化理念
图片来源：刘敦桢主编.中国古代建筑史（第二版）.
北京：中国建筑工业出版社，1984.118.

数，也就是以材分为模数。这种模数体系不局限于单体建筑，还扩大到院落。一个院落中的各个建筑单体有一种主次与高低的等级秩序，它们之间的比例同样可以用材分加以确定。以隋唐的长安城为代表，模件化的做法在城市规划中也有很清晰的体现，网格状的街坊构成一种严格的秩序。❶

在区域尺度乃至国土尺度上，中国古代的规划也遵循着同样的原则。古人设想出了一些理想化的空间图式，在这些图式中，城市及其外部区域呈现多层次的同心环状嵌套结构，很明显地延续了中国早期聚落与城市的向心式格局。

成书于明代的《三才图会》中有一些图像就描绘了这种不同尺度和不同等级的理想化的空间图式。例如，其中的《王畿千里郊野图》以都城为核心，向外依次嵌套着郊、甸、稍、县几个层次，每个层次都以百里为度层层拓展，作为核心的都城具有至高无上的地位。书中还有一幅《邦国畿服图》在更大的尺度上展示了古人模件化的构建空间秩序的思维方式。图中，以五百里为级差，从方圆千里位于中心的王畿开始，向外依次嵌套着侯、甸、男、采、卫、蛮、镇、蕃等层次，在比国土尺度还要巨大的"天下"尺度上，按照礼制的要求，景

❶[德]雷德侯.万物：中国艺术中的模件化和规模化生产.张总等译.北京：生活·读书·新知三联书店，2005.145～189.

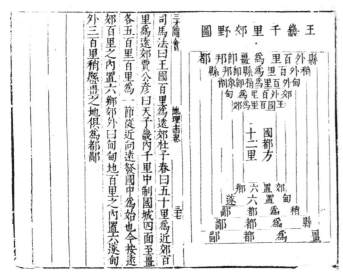

图4-16：王畿千里郊野图
图片来源：[明]王圻、王思义.三才图会.上海：上海古籍出版社，1988.449.

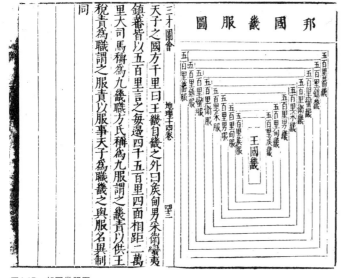

图4-17：邦国畿服图
图片来源：[明]王圻、王思义.三才图会.上海：上海古籍出版社，1988.452.

观被充分地理想化。

　　可见，不论是没有物质属性的文字、音乐、诗词歌赋，还是依靠物质形态而存在的书画、建筑、景观，也不论是小尺度的工艺品还是尺度巨大的区域乃至国土景观，都能够找到无数应用元素组合方法的实例。从形式的角度看，

这种方法中的元素，就如同生命体中的DNA，它提供了细胞复制的模板，这个模板上记载着生命体的全部密码。西方有个谚语叫"橡子里面有大树（Great oak from little acorn grow）"，其实，说到底，橡树就是藏在小得肉眼都看不见的DNA中。如果说DNA中存储了生命的全部密码，那么，形式元素就规定了艺术作品的规则，也就是法度。法度的约束不但没有制约艺术的创造，还成就了艺术的丰富性与生命力。就以法度极为严格的宋词来说，在对于句子数量、字数多少、音律的节奏变化等都有苛刻限制的前提下，词人只能按照特定的词牌填词。词牌中的平仄音律就像DNA一样，虽然有严格的规定性，却同时又提供了充分的灵活性。面对相同的法度约束，诗人们要提供各自不同的应对方案，在法度的约束下，创造的可能性却是无限的。

　　正如DNA是西方科学的发现一样，把形式与质料划分开来并把形式元素还原到极致也主要是西方人的贡献，并且，这个成就在古希腊的时候就已经达到相当的高度。

　　柏拉图的《蒂迈欧篇》中把纯粹的形式因素认定为世界的本原。他认为，物质世界真正的原素（元素）是两种直角三角形：一种是正方形的一半，一种是等边三角形的一半，它们是宇宙的开始。因为这两种三角形是最美的形式，所以，神才会选定这两个形状构建世界，把混沌的宇宙整饬得秩序井然。土、火、气、水这四种元素的原子都是由这两种三角形构造出的规则的、单纯

的、理想化的正多面体。其中，土的原子是立方体；火的原子是正四面体；气的原子是正八面体；水的原子是正二十面体。如果把这些正多面体分界为构成它们的两种直角三角形，再对它们重新加以组织，元素之间就可以发生转换。由于正十二面体是由十二个正五边形组成，而不是由直角三角形组成，并且，正十二面体比上述四种正多面体更接近圆球体，柏拉图就用正十二面体代表世界。❶

到了西方中世纪的时候，四元素说被作为炼金术的理论依据。炼金术士们相信，只要改变物质中这四元素的比例，就能把普通金属变为黄金。他们还把炼金术与星占术相结合，认为太阳、月亮和五大行星与七种金属具有对应关系：土星对应铅，木星对应锡，火星对

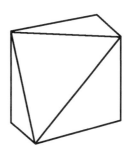

图4-20：柏拉图认为，气的原子是由八个正三角形组成的正八面体

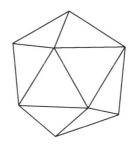

图4-21：柏拉图认为，水的原子是由二十个正三角形组成的正二十面体

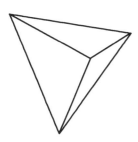

图4-18：柏拉图认为，火的原子是由四个正三角形组成的正四面体

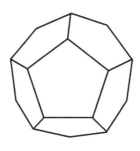

图4-22：正十二面体由十二个正五边形组成，柏拉图用它代表整个世界

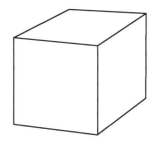

图4-19：柏拉图认为，土的原子是由六个正四边形组成的正六面体

图4-23：十二个正五边形与二十个正六边形组成的等边三十二面体

❶[英]罗素.西方的智慧.崔权醴译.北京：文化艺术出版社，1997，155～157.

应铁，金星对应铜，水星对应汞，月亮对应银，太阳对应金，炼金术士把金属变成黄金需要考虑星星的影响，星占术被用来确定寻找金属的正确时间。虽然现在炼金术被很多人认为是迷信，但化学研究能发展到今天却不能不感谢这些术士。同样，虽然柏拉图把世界的本原归结为两种直角三角形的做法在今天看来似乎有些荒诞不经，但是，他的形式理念对于今天的景观设计仍然不无价值，根据这种理念进行的景观设计在西方比比皆是。

由抽象形式元素入手进行创造的做法在西方的景观设计实践中是比比皆是的。在欧洲，可以找到很多把三角形、平行四边形、圆形等基本几何形状作为基本构图元素构成的景观设计。如果说柏拉图用两种直角三角形完成了他对物质世界的建构，那么，那些呈现抽象几何形式的景观设计就是在把这些几何形状当作DNA来建构景观的世界。在欧美很多国家，都能找到这类被称作几何景观的实例，而北欧的丹麦更是因其几何景观的发展与成熟在景观设计领域独树一帜，形成了鲜明的特色。

柏拉图把世界的本原还原为纯粹的形式元素，或者说用最基本的形式元素建构世界，这种思想就像西方文化的基

图4-24：三角形的树池

图4-25：三角形的草坪

图4-26：15世纪炼金术士托马斯·诺顿的著作中描绘炼金与星象关系的插图
图片来源：李秀莲等编译.世界四大预测学.石家庄：河北人民出版社，1994.63.

因一样被继承下来，作为一种最基本的
方法论，这种还原主义方法被广泛地应
用于西方的科学研究和艺术创作。科学
家们把生命体还原到DNA，进而尝试通过
操控DNA再造生命。按照相似的思路，
艺术家们把本来无限纷纭复杂的世界还
原到最基本的几何形状，再用这些几何
形状在艺术作品中重建他们认知或想象
的世界。古希腊的毕达哥拉斯最早开始
系统研究数字与美的关系，他发现了音
程中的数学关系，并根据据此发展出和
谐的比例中的数字关系，他绘制的毕达
哥拉斯矩形包含了所有和谐的比例，而
不包括两个不和谐的间隔比例——二度

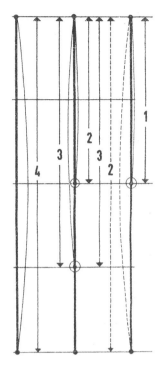

图4-29：声音与数字的关系：整弦奏出主音，3/4弦奏出
四度音，2/3弦奏出五度音，1/2弦奏出八度音
图片来源：[英]罗素.西方的智慧.崔权醴译.北京：文化艺
术出版社，1997，29.

图4-27：以矩形为形式母题的景观

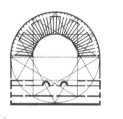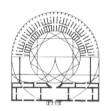

图4-30：维特鲁威对罗马剧场与希腊剧场平面的分析
图片来源：[德]恩斯特·诺伊费特.建筑设计手册.朱顺
之等译.北京：中国建筑工业出版社，36.

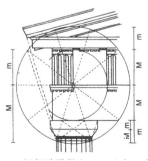

图4-31：多立克庙宇山墙角的比例关系符合黄金分割
图片来源：[德]恩斯特·诺伊费特.建筑设计手册.朱顺
之等译.北京：中国建筑工业出版社，36.

图4-28：以圆形为形式母题的景观

音和七度音。对于毕达哥拉斯来说，圆形、正方形、三角形是具有最重要意义的形状。古罗马的维特鲁威把这种思想用于建筑比例的分析，根据他的研究，罗马剧场、希腊剧场的平面都是把三角形或正方形旋转后得到的形状。默泽勒（Moessel）还证明了多立克庙宇山墙角的比例关系是符合黄金分割的。之后的阿尔伯蒂和帕拉迪奥等人进一步确立了西方古典建筑的规范。

同样的理念被用在了城市及其景观的建造上。古希腊的米利都城为了追求几何形式的完美，固执地把规则的矩形网格强加在高低起伏的城市基址上，并不惜为此修建大量的台阶以联系不同高程的地面。深受西亚造园艺术影响的希腊创造了自己的园林风格，其住宅内的柱廊园规则方正，比西亚园林更加几何化，富于人工的秩序感。公元79年被维苏威火山吞没的古罗马庞贝和赫克兰尼姆城中的柱廊园继承了希腊的做法，采用了规则的矩形与轴线母题。以哈德良山庄为代表的罗马园林不但平面几何化，而且采用了如地毯般的模纹花坛，成为后来西方古典园林的范本。这种几何化的做法在后来的文艺复兴时期、巴洛克时期乃至现代主义时期都一再受到推崇。如文艺复兴时期佛罗伦萨的波波里御园、巴洛克时期的凡尔赛王宫花园。虽然18世纪中叶引进中国造园艺术手法而形成的自然主义的英国自然风景园林曾一度盛行于欧洲，近现代景观设计师中如奥姆斯特德、布雷·马克斯（Roberto Burle Marx，1905- ）等人也喜爱

自然主义风格，但几何形式却是西方园林景观中不曾中断的脉络。从形式方面看，那种把形式语言还原到最基本几何形状的现代几何景观实际上是把古希腊造园传统中的几何化倾向发展到了极致。

几何景观的产生与西方抽象艺术的影响也有很大关系。一般认为，20世纪初期，俄国的康定斯基（Wasily Kandinsky，1866-1944）创作出了第一幅真正意义上的抽象画，这种不以模仿外在对象为目的的绘画当时还被称作"非客观的（non-objective）"或"非描绘性的（non-representational）"绘画。在康定斯基的第一幅抽象水彩画诞生不久的1913年，自称为至上主义的俄国画家马列维奇（Kasimir Malevich，1878-1935）画出了第一幅绝对几何抽象的素描作品——正方形白色背景上的一个黑色方块，从而彻底消灭了自然主义的主题。康定斯基的抽象表现主义和马列维奇的几何抽象代表了20世纪抽象艺术的两个方向，前者由变化丰富的色彩与点、线、面构成活跃生动的画面，被称为"热抽象"，后者由极为简约单纯的色彩与几何形状构成冷静而静态的画面，被称为"冷抽象"。从画面效果上看，康定斯基的绘画常常充斥了复杂的有机形状，似乎没有马列维奇那种还原到最基本形式元素的效果，但是，康定斯基的绘画同样是基于对最基本的点线面与色彩的研究，并且，这种研究已经达到了形式元素的最底层。他写于1923年的《点、线、面——抽象艺术的基础》一书详尽地阐释了要素、分解、构成等概

图4-32：米利都城的平面
图片来源：沈玉麟编.外国城市建设
史.北京：中国建筑工业出版社，
1989.29.

图4-33：古罗马庞贝城中的柱廊园
图片来源：Dušan Ogrin.The World Heritage of Gardens.London：Thames and Hudson
Ltd,1993.31.

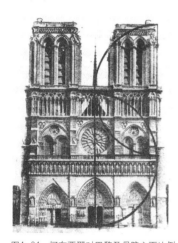

图4-34：柯布西耶对巴黎圣母院立面比例
的分析
图片来源：［法］勒·考柏西耶.走向新
建筑.陈志华译.天津：天津科学技术出版
社，1991.66.

图4-35：哈德良山庄
图片来源：Dušan Ogrin.The World
Heritage of Gardens.London：Thames and
Hudson Ltd,1993.29.

图4-36：凡尔赛王宫花园

图4-37：英国自然风景园林：万能的布朗（Capability Brown）的早期
作品彼特沃斯(Petworth)花园。
图片来源：Dušan Ogrin.The World Heritage of Gardens.London：Thames
and Hudson Ltd,1993.156

图4-38：丹·凯利的美国空军学院景观设计
图片来源：《大师系列》丛书编辑部.大师草图.北京：中
国电力出版社，2005.129.

念，并依次分析了点、线、面这些基本形式元素的几何性质、表现形态、视觉效果、组合方式以及在各种艺术中的应用。他的《论艺术的精神》一书还分别对色彩与形式进行了研究，全面分析了

各种基本形式元素。他的绘画实践就是在这个基础上展开的。

此后，俄国的构成主义、荷兰的风格派都对抽象的形式元素及其表现方式做出了极大的贡献，魏玛的包豪斯则把

图4-39：康定斯基的绘画作品《构图2号》
图片来源：［美］H·H·阿纳森.西方现代艺术史.邹德侬等译.天津：天津人民美术出版社，1986.图版58.

图4-41：俄国构成主义艺术家罗德琴科的作品《悬吊的构成》
图片来源：［美］H·H·阿纳森.西方现代艺术史.邹德侬等译.天津：天津人民美术出版社，1986.223.

图4-40：马列维奇的绘画《基本的至上主义要素》
图片来源：［美］H·H·阿纳森.西方现代艺术史.邹德侬等译.天津：天津人民美术出版社，1986.219.

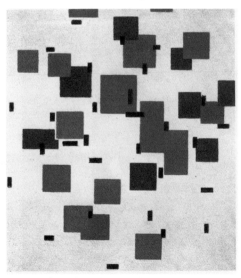

图4-42：荷兰风格派画家蒙德里安的绘画《色彩构图A》
图片来源：［美］H·H·阿纳森.西方现代艺术史.邹德侬等译.天津：天津人民美术出版社，1986.图版96.

形式元素的研究运用到设计中并形成了完备的教学体系。自此，在平面设计、家具设计、建筑设计、景观设计等几乎一切设计领域，从基本形式元素切入的设计方法都得到广泛的运用，现代设计的走向由此确立。由于不再满足于像以前的现实主义绘画那样直接模仿大自然的外在面貌，抽象绘画的先驱们开始探究事物外观后面隐藏的形式密码，出于类似的愿望，景观设计师们也不再满足于模仿自然景观或延续传统的景观图式，他们致力于为景观形式的构成寻找更根本的原因。

正如抽象绘画中有"冷抽象"和"热抽象"两种主要风格，基于形式元素的景观设计也有两种主要取向：

一种是以欧几里得几何学为基础的富于逻辑感和具有清晰结构特征的几何景观，这种景观形式的生成过程往往要涉及精确的数字与几何学运算，其中的几何形状作为景观的DNA把复杂的景观统一为一个整体。这种景观给人明确的人工感，让人联想起自然界中的晶体、矿物等无机物，其明晰的形式体现了人类理性思辨的精神性，甚至因其形而上的特征而给人超越物质性的崇高感甚至冷漠感。对于最简单抽象的几何形状，人们最容易领会其中的秩序，也最易于接受其美感。当代希腊学者安东尼亚德斯甚至把长方形看作美的开始："美学是从长方形起步的。人们所使用的图形越是远离那些本身具有不可否定的形式要素的图形，就越会受到质疑。但是，正方形、圆形、或者其他具有普遍、确定性质的几何形状，就不存在这些问题。"❶ 成千上万种化学物质只不过是由一百多种基本元素构成的，维持自然界存在与运转的基本法则也是有限的，并且，在自然界的物质形态构成遵循一种效率最大化的原则，它倾向于使用最少与最简的形式元素发挥最大的功效，像蜂巢、贝壳、泡沫等结构就充分体现了这个原则。尽管世界上不存在两

图4-43：美学是从长方形起步的

图4-44：贝壳惊人地符合黄金分割比或斐波那契数列

图4-45：单纯的几何形式按照有限的构成规则能产生变化万千的效果

❶ [希]安东尼·C·安东尼亚德斯.建筑诗学——设计理论.周玉鹏，张鹏，刘耀辉译.北京：中国建筑工业出版社，2005.213.

个外观完全一样的蜂巢或贝壳，但几乎所有的蜂巢与贝壳都惊人地符合黄金分割比或斐波那契数列。这样形成的结构不但最为合理，而且极富美感。在有限的内部规则的支配下，再加上外部环境变量的多重影响，自然界就呈现出丰富的多样性与复杂性。同样，在景观中，数量很少的几何形状，通过有限的构成规则，就可以完成点、线、面的无数组合与变化，本来非常单纯的几何形式就能产生变化万千的效果，从静态的水平线、垂直线构图到动态的三角形、圆形和弧线的组合，由简单的几何形状生成的景观形式是无法穷尽的。

另外一种类型的景观设计则体现了非欧几何的复杂性与模糊性，其形式中潜在的几何关系不容易为人直接把握，不过，这也在一定程度上避免了对景观的人为割裂，这种景观具有更动态、更自然、更有机、更温暖、更柔软、更感性等特征，更容易与自然环境相结合，并让人联想起生长着的机体，体验景观的生命感，这类景观常被归纳为自然主义景观。自然主义景观的形式并非毫无规律可循的一片混乱，有经验的景观设计师能够很迅速地从场地发现内在的秩序，并在设计中创造性地寻求一种能够满足人类视觉心理本能的张力平衡，不论一种形式多么复杂，只要它能够取得这种平衡，就能给人提供审美上的愉悦。即使从几何学来看，自然主义景观也能够得到解释。20世纪后期，在非欧几何研究中产生了分形（fractal，也叫分维）理论，很快，这种理论就被广泛的艺术实践所采纳，也成为景观形式生成的一种独特方法。"分形"概念是1973年由曼德勃罗（B. B. Mandelbrot）提出的，它建立在非整数维度空间的假想上，它是一种以不规则几何形态为研究对象的几何学。分形具有复杂性和自相似性，它看似混沌，却并非无法认识，表面现象的不规则其实也是由自然规律约束的。比如，看似复杂且变化万千的雪花就是由三角形通过自相似原则生成的，将三角形边长三等分并连续向外扩展自相似三角形，就可以得到雪花的形状。自然界中不规则形式非常普遍，景观中的岸线、山体、地形、水体、植被等无不呈现不规则的形态，所以，分形几何学不仅很适合描述大自然，也为有机形式的景观设计提供了新的思路，开辟了理解形式元素的新路径。尽管一般人无法真正理解分形几何学的奥秘，但是，分形图式所具有的美感却能让所有见到它的人被打动。一些艺术家还利用计算机从事"分形艺术"的创作，这些艺术活动对于景观设计至少是有启发意义的。查尔斯·詹克斯夫妇以"跃迁的宇宙"为主题的私家花园中就出现了从分形几何衍生出来的景观形式。由于分形的应用，原本以清晰、理性、人工、冷漠为主要特征的几何景观呈现出模糊、感性、自然、玄奥、梦幻、动态和富有生命精神等新面貌。

从形式的角度看，在景观设计中作为DNA的基本几何形状或者复杂的分形都可以被称作景观的形式母题（motif）。母题是指音乐或其他艺术品的主体、主

图4-46：有机的自然主义景观

图4-47：分形艺术
图片来源：http://img.uuhy.com/uploads/2010/04/8479_
Fractal_Art_17.jpg

图4-49：〝跃迁的宇宙〞花园中的分形
图片来源：Charles Jencks. The Garden of Cosmic
Speculation. London：Frances Lincoln Ltd.，2003.146.

图4-48：詹克斯夫妇以〝跃迁的宇宙〞为主题的私家花园
采用了分形
图片来源：Charles Jencks. The Garden of Cosmic
Speculation. London：Frances Lincoln Ltd.，2003.146.

题、主旨，它不是在作品中占据压倒性优势，就是不断重复地出现，成为贯穿整个作品的统一线索，表现出作品的主要特征。比如，就造型艺术来说，作品的主体或那些一再出现的图形、图式、基本纹样、基本色彩等都被称作母题。就文学作品来说，母题是作品中反复出现的主题、人物、情节、字句样式或概念，通过DNA般地复制，作品表现出完整性与统一性。

"尽管在不同的理论中，母题的具体内涵有差异，但是有一个基本特点却为一切母题现象所共有，也是研究者辨识和把握母题的根据所在，那就是，母题必以类型化的结构或程式化的言说形态，反复出现于不同的文本之中；具有某种不变的，可以被人识别的结构形式或语言形式，是母题

的重要特征。"❶

在景观设计中，贯彻于整个场地的轴线、网格等图式，以及形状、色彩、材料、声音、气味、艺术品、设施乃至抽象的概念、叙事，都可以是作品的母题。作为作品的基本元素，母题在数量上是有限，但是，通过不同的排列组合，却能产生极大的丰富性，是达到多样而统一的关键。以伯纳德·屈米设计的拉·维莱特公园为例，在场地上，屈米把三个相对独立的抽象系统相叠加，这三个系统分别是点（物象系统）、线（运动系统）、面（空间系统），它们作为作品的母题把整个景观统一在了一起。其中，"面"就是指场地上的面状元素，即科学城、音乐城、草坪、广场等；"点"即那些所谓的疯狂之物——folies，❷ 它们是电话亭、影片展示站、咨询中心、厕所、托儿中心等，每个疯狂之物都是鲜红色的钢构建筑小品，它们像经过立体主义手法处理后的方块，整齐地排列成120米见方的点阵；"线"作为"点"元素之间的连接，由整齐的树木和路径构成。由于场地功能非常复杂，三个层面就由folies构成的点阵来统一。首先，这些红色的点状物位于线状网格的交叉点上，自然地和线状网格构成一种形态学上的联系；其次，这些疯狂之物虽然颜色夸张、形状具有"解构"特征，但是，它们排列规则，变形手法一致，并具有明确的导向性，所以，它们非但没有造成场地的凌乱，反而成为整合点、线、面三个系统的关键因素。

❶ 孙文宪.作为结构形式的母题分析——语言批评方法论之二.华中师范大学学报（人文社会科学版），2001(6):67~75.

❷ 法文，其英文为folly，又译作"虚假建筑"，即一种造价昂贵而无用的建筑，用来满足怪癖的奇思妙想。见：[英]E·H·贡布里希.艺术史与社会科学.理想与偶像.范景中等译，上海：上海人民美术出版社，1989.248.

图4-50：拉·维莱特公园的三个系统
图片来源：《大师系列》丛书编辑部.伯纳德·屈米的作品与思想.北京：中国电力出版社，2006.46.

图4-51：拉·维莱特公园中的疯狂之物

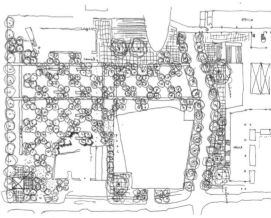

图4-52：丹·凯利的景观草图应用了网格叠加的手法
图片来源：夏建统.点起结构主义的明灯——丹·凯利.北京：中国建筑工业出版社，2001.100.

如同DNA的自我复制和变异促成了生命的延续与进化，景观形式也有自己的生命，设计师从其前辈那里继承了既有的形式构成方式，同时，又从当代的同行那里得到借鉴。艺术形式的传承是个普遍和必然的现象，虽然对大自然的研究是艺术创造的重要源泉，但是，"即使在再现艺术的历史上，作为风格的一个因素，绘画对绘画的影响也要比直接来自模仿自然的影响要重要得多。"❶ 这种传承在西方的艺术图像学研究中得到了系统的研究，不但耶稣、圣母等圣像画图像长期以来沿用着相对固定的图式，而且，很多艺术中常见的题材都明显地表现出这种传承关系。

在关于形式来源的问题上，尽管功能主义者声称形式是由功能决定的，但是，实际情况是，许多设计师是坚持形式先行的，他们发现，仅仅现代主义所提倡的由功能出发去寻找形式的方法不但制约了形式生成的多种可能性，

而且，把功能当作决定形式的唯一原因的简单化思维往往最后连功能问题也不能真正完美地解决。而形式先行的思路不但不一定造成功能上的失误，而且，形式可能激发出原本不曾预料的功能。用美国建筑师路易斯·康的话

图4-54：罗萨里诺流派的浮雕作品《节俭》
图片来源：[美] E·潘诺夫斯基.视觉艺术的含义.傅志强译.沈阳：辽宁人民出版社，1987.图版29.

图4-53：文艺复兴时期威尼斯画家提香的作品《关于节俭的预言》
图片来源：[美] E·潘诺夫斯基.视觉艺术的含义.傅志强译.沈阳：辽宁人民出版社，1987.图版28.

图4-55：作于14世纪晚期的黑金镶嵌品《节俭》
图片来源：[美] E·潘诺夫斯基.视觉艺术的含义.傅志强译.沈阳：辽宁人民出版社，1987.图版31.

❶[瑞士]H·沃尔夫林.艺术风格学.潘耀昌译.沈阳：辽宁人民出版社，1987.257.

图4-56：形式唤起功能

图4-57：英国的AA的设计——由基本形变异而得到的形式
图片来源：Christopher c. M. Lee & Sam Jacoby，AA
Diploma 6，Typological Formations：Renewable Building
Types and the City，London：AA Publications，2007，86.

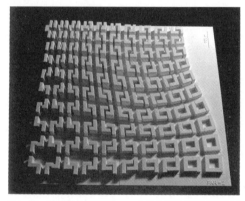

图4-58：英国的AA的设计——由基本形变异而得到的城市街区形式
图片来源：Christopher c. M. Lee & Sam Jacoby，AA
Diploma 6，Typological Formations：Renewable Building
Types and the City，London：AA Publications，2007，87.

说就是"形式唤起功能（Form evokes function）"。美国著名建筑师埃谢瑞克（Joseph Esherick，1914—1998）用一句极为精炼的话更为深刻地揭示了形式与功能的关系："形式乃物之所是及其所为（Form is what things are and what they are doing）。"❶ 也就是说，形式不是与功能相对立的，并且，相对于功能，形式并不处于从属地位。形式不只是事物的存在状态，它规定了事物的本质并具有功能，功能只有通过形式才能实现。

在形式元素的选择上，现代主义和历史上的古典主义习惯把矩形、正方形、三角形和圆形等基本的几何形式作为形式生成的DNA，这样产生的形式一般具有很强的确定性和封闭性。在步入后工业化时代的一些发达国家，设计和制造业提出了"后福特主义"理念，这种理念反对设计与制造的绝对标准化和批量复制理念，也反对消费的单一化，它提倡产品的系统性、系列化、适应性、差异性、复杂性、多样性和个性。一些设计师开始倡导参数化设计，复杂的曲面、分形等形式元素可以很有效地借助计算机强大的运算能力加

以处理，作为DNA的形式元素在计算机程序中如同获得了自我生成和自组织的能量，最后获得的形式也具备了更多的差异性、可塑性和适应性。在形式生成的方法上，形式元素不再被简单地复制，而是在元素的复制过程中伴随着参数的调整。通过在设计中引入变量，不但可以创造出多样化的形式，而且，变量本身因其动态的属性而具有自我生成的能力。除了在形式元素中引入变量，外在的环境变量和设计主体的观

❶Joseph Esherick. Form is What Things Are. New York: Reinhold, Progressive Architecture, 1964 (May): 45.

察、判断、选择也作为变量被引入参数化系统，从而产生了更多的可能性。扎哈·哈迪德事务所合伙人帕特里克·舒马赫（Patrik Schumacher）是参数化主义（parametricism）的积极倡导者和实践者，在他设计的土耳其伊斯坦布尔中心区规划就可以见到作为形式元素的DNA在复制的过程中发生变异，形成连续性与差异性的统一。❶ 英国的AA（Architectural Association School）在参数化设计方面的研究也十分引人瞩目，他们从正方形、L形、T形、十字形、U形等基本的母题开始进行设计，通过调整参数，这些母题在网格中复制、变异，形成变化中的秩序。

从抽象的、与质料无关的形式到其物质化的呈现，景观元素作为承载着基本形式密码的DNA在景观中被用各种方式复制、变异和组织，从简单到极致的几何形状生成着无限丰富的景观。这些DNA的衍生物不但给人形式的美感，还承载着各种复杂的功能。还有一个不容忽视的事实是，这些元素并不是在无聊的形式游戏中的玩物，它们还蕴含着意义和价值。从柏拉图开始，一个三角形就是有重大意义的，它是柏拉图理想世界所赖以建构的基石。直到今天，对于形式元素的理解仍然反映着人们对自然不断变化的认识，同时引发着设计观念不断出现的深刻变革，多元的景观生态才保持着勃勃的生机。

第三节 景观的机体：功能元素

功能是一事物在同其他事物相互关系中表现出来的作用和能力。从事物与人的关系方面来讲，功能是事物满足人类需求的能力，事物通过功能表现其价值，对于人来说，这样的事物就是有实际用途的。景观是具有多种功能的空间，它应该尽可能地满足多主体的复杂需求。为了满足主体的需求，人类需要而且有能力出于一定的目的去改变环境，景观设计活动就是为了满足这些需求而进行的。人的需求有不同层次，不同的主体又有不同的需求，各种需求及各层次的需求都需要有相应的功能去满足。

马斯洛（Abraham Harold

Maslow，1908—1970）提出了著名的需求层次理论，亦称"基本需求层次理论"。他把人的各种需求分为从低到高的五个层次：生理需求、安全需求、爱与归属的需求、尊重需求、自我实现的需求。他还曾把这些需求重新划分为七个层次：生理需求、安全需求、隶属与爱的需求、自尊需求、知的需求、美的需求、自我实现需求。这些需求具有递进的层级关系，低层次的需求得到满足后，人们就会产生更高级的需求。他说："人性所必须的是，当我们的物质需要得到满足之后，我们就会沿着归属需要（包括群体归属感、友爱、手足之

❶ 帕特里克·舒马赫.作为建筑风格的参数化主义——参数化主义者的宣言.徐丰译.世界建筑，2009(8):18~19.

情）、爱情与亲情的需要、取得成就带来尊严与自尊的需要、直到自我实现以及形成并表达我们独一无二的个性的需要这一阶梯上升。而再往上就是'超越性需要'（即'存在性需要'）。"❶

这里的景观功能元素概念并非无关形式，它只是从功能的角度看待景观元素的一种方式。人们常常把景观的功能分为实用功能与美学功能，其中，实用功能比较复杂，包括生活、生产、交通、服务等，与之相对应的景观类型有工业景观、农业景观、商业景观、交通景观、居住景观、旅游景观、游憩景观等。具体的景观功能元素也同时具备实用与美学两大类功能。比如，作为景观基面元素的地形可用来分隔空间、引导交通、控制气流、屏蔽噪声、改善微气候、管理雨洪等，这些是实用功能；地形还可用来引导视线、改善天际线、隐藏或凸显景物、传达人文历史信息、创作大地艺术作品，这些是美学功能。水元素的实用功能有灌溉、养殖、调节气候、控制噪声、提供健身休闲娱乐场所等；其美学功能则因其多变的形态而体现在能够从视觉、听觉、嗅觉等多方面

图4-60：景观满足人的安全需求

图4-61：景观满足人爱与归属的需求

图4-62：景观满足人对尊重的需求：人在失败的景观设计中没有尊严

❶ [美]马斯洛.洞察未来.许金声译.北京：改革出版社，1998.258.

图4-59：景观满足人的生理需求

图4-63：景观满足人自我实现的需求：墙上的儿童画给了小画家成就感

满足人们的审美体验。实用功能与美学功能都与形式相关，没有什么功能可以在离开景观形式的前提下得以实现，如果不把功能局限于实用功能，把提供审美体验这类非功利的作用也看作景观的功能的话，绝对不具备功能的形式也是不存在的。之所以把景观的美学作用看作一种功能，是因为它能够满足人们对

图4-67：地形可用来创作大地艺术作品

图4-64：作为景观基面元素的地形可用来分隔空间

图4-68：水元素的实用功能：交通

图4-65：地形可用来引导交通

图4-69：水元素给人们审美体验

图4-66：地形可用来管理雨洪

图4-70：水元素给人们审美体验

审美的需求，充实人们的精神生活。

一些片面的功能主义者排斥景观中非功利的功能，特别是美学功能，他们把功能局限于最低层次的实用方面，甚至把一些景观设计中功能上的失误或失败简单化地归咎于设计师的美学追求，把本来只是属于不同层次的主体需求对立起来。在理念上，他们坚持"形式追随功能"的信条，在设计方法上刻板地按照统计学数据分析场地条件与主体需求，并以此为依据推导景观的形式。各种实用性功能固然非常重要，但是，在更高的层次上，在更终极的意义上，景观设计"必须考量到自身与存在的人及与世界的关联"，而不是抹煞个体独特的主观感受和思想，无视个体之间交往的需求和人们自我实现的需求，局限于最基本的功能性而"掉入以统计学上的使用者来评估的窠臼"。❶ 按照马斯洛的需求层次理论，满足人们对美的需求是达到自我实现的必经途径，景观的美学功能不但毫无疑问是一种重要的功能，而且，比起那些低层次的用于满足生理、安全等方面需求的功能，它是一种更高层次的功能，是一种能够使人与一般动物区别开来的功能。"有一种理论，它喜欢将美与实用分离，甚至对立，且给予美以过多而无用的强调。陶醉于这种理论之中是很不幸的。"❷ 话说回来，给予实用功能过多地强调而以此为借口否定美的价值也同样是可悲的。

"功能元素"与"形式元素"只是考察角度的不同，二者本应是辩证统一的。虽然很难说清楚到底历史上从形式出发的景观设计占多数，还是从功能出发的更多些，但可以肯定的是，的确有大量优秀的景观设计是首先从形式方面开始考虑的，如法国著名的"形象工程"凡尔赛宫苑。尽管为了形式牺牲功能的情况确实存在，但是，从形式入手同时具有完善功能的设计也绝非罕见。景观中不存在只有功能而不具备某种形式的元素，也很难找到只有形式而没有任何功能的元素。功能要相应的形式来满足，从这个出发点来看，形式应该追随功能；形式激发潜在的功能，甚至创造意料之外的功能，从这个出发点来

图4-71：对于法国著名的"形象工程"凡尔赛宫苑来说，形式是首先考虑的因素，但是，其功能方面却未必比许多功能主义作品更差

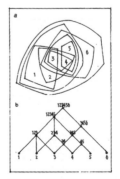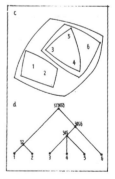

图4-72：在左侧的半网络结构中，元素的集合之间在各个层次都有可能存在关联，而在右侧的树形结构中，除了通过树形结构的主干联系在一起之外，元素的集合之间不存在其他的横向关联
图片来源：[美]克里斯托弗·亚历山大.城市并非树形.严小婴译.建筑师(24)，1985:210.

❶[法]格鲁.艺术介入空间：都会里的艺术创作.桂林：广西师范大学出版社，2005.145.

❷[美]约翰·O·西蒙兹.景观设计学：场地规划与设计手册.俞孔坚等译.北京：中国建筑工业出版社，2000.188.

看，形式又不一定追随功能。不论二者谁是主导因素，它们之间的密切关联却是难以切断的。形式中包含的关联图式实际上就是功能之间关系的外在体现，功能上的合理性是借助特定的关联图式实现的，而功能上的失败与形式上的错误也有直接关系。

克里斯托弗·亚历山大在其著名的论文《城市并非树形》中比较了那些功能良好、形式优美、充满生活情趣的古代"自然城市"和那些正在迅速膨胀的功能混乱、形式丑陋单调、缺乏人文关怀的现代"人造城市"。亚历山大指出，两种城市的巨大差异并非简单的外表上的差异，它们内在形式组织原则上的不同才是更根本的。"自然城市"具有一种半网络结构，而现代"人造城市"则主要采用了相对简单的树形结构。亚历山大把同属于某一类别的元素的组合称作集合，当这些元素共同发挥某种作用时，它们的集合就是一个系统。功能元素之间的联系构成一种粘合性，维持着系统内部诸元素的互动，这样，系统就能够像机体一样产生活力。在半网络结构中，元素的集合之间在各个层次都有可能存在关联，而在树形结构中，除了通过树形结构的主干联系在一起之外，元素的集合之间不存在其他横向关联的机会。亚历山大形象地打了个比方，这就像某个家庭中的成员不能自由地与外界交往，除非整个家庭与外界打交道。按照树形结构的模式设计的城市中，本来多元交织的复杂的功能关系被简化，功能之间固有的联系被切

图4-73：《城市并非树形》中提到的情形相类似，汽车站、小摊贩相伴而生

图4-74：公交汽车站、报摊、电话亭相伴而生

图4-75：树形城市使人们承受过高昂通勤代价

断，从而，不仅功能出现诸多问题，城市缺乏活力，而且，城市空间形式上丰富的美感也丧失了，取而代之的是机械的功能分区和与之相伴而生的单调的街区。形式上的简单化处理是造成当代许多城市功能上失败的主要原因，以北京为例，一方面，人们很难在居住区附近找到适合自己的工作。另一方面，大部分

人在自己工作的地区又由于居住成本高得难以承受而只得选择在很远的居住区居住，人们不得不承受过高的通勤代价，城市交通的压力严重影响了城市的活力和效率。

查尔斯·詹克斯认为，亚历山大对城市结构图式的分析意味着一种新的设计思维与设计方法的诞生。❶"城市并非树形"这个论断的意义不局限于城市规划与设计，对景观设计中正确处理形式与功能之间的关系也是具有非常重要的指导意义的。

几乎不存在单一功能的景观，单一功能的景观元素也并不多见，景观的功能一般都是综合的，各功能元素之间的关系结构应该是半网络结构的，并且这些功能在使用过程中经常发生功能的转变。用静止的眼光和机械的功能分析方法设计景观，往往会使之不能适应未来的变化，或者妨碍公众创造性地使用场地。如果把景观中的各功能元素比作人的机体，这个道理就比较容易说清楚了。

机体，即动物的身体。人的机体包括外在的头、躯干、肢体与内在的器官、组织、系统等部件。机体是可见的

❶ [美]克里斯托弗·亚历山大.城市并非树形.严小婴译.建筑师（24），1985:206～224.

❷ [英]彼得·柯林斯.现代建筑设计思想的演变.英若聪译.北京：中国建筑工业出版社，1987.176～177.

图4-76：几乎不存在单一功能的景观：街道不只是交通空间

实体，也被称作肉体，它的每一个部件都具备特定的形式，并发挥着特定的功能。在设计理论中引入动物学知识的时候，理论家们就试图发现动物机体中存在的功能与形式的关系。最早提出"形式追随功能"观点的是法国动物学家乔治·居维埃（G. Cuvier，1769-1832），而不是一般认为的沙利文（L.H.Sullivan，1856-1924），沙利文只是第一次把这个说法直接引入设计理论中。❷ 但是，这种论断是有一定问题的。它没有注意到，形式和功能的关系既不是简单的一一对应关系，也不是单向的决定论关系，二者是互动的，形式的进化或退化也能反过来决定机体的功能。例如，大雁被驯养成鹅之后，其体形发生很多变化，身体笨重了，翅膀疲弱了，其飞行的能力就随之退化了。这种情形就是外界作用改变了大雁身体的形式，形式又影响了其身体的功能。再比如，在从猿到人的进化过程中，基因的突变引起了大脑结构的剧烈变化，人脑的思维能力就获得了飞跃性发展。现在，科学家们通过修改DNA的结构使动物的身体发生改变，其机体机能也会发生相应的变化，功能因形式而改变。这些例子都说明，关于到底是形式决定了功能还是功能决定了形式，很难简单地得出一个一般性的结论，二者的作用是相互的、动态的。

在人体中，一个器官一般都具备多种功能。以眼睛为例，它的主要功能是观看，即捕捉光线并把它传递到大脑。据称，人脑的80%都介入到视觉信息的

处理过程中，而且，一个健全的人通过感官获得的信息中，也有70%～80%是来自眼睛。在人际交往中，它还负责部分的交流，目光的对视、回避、偷窥甚至视而不见等眼部动作已经不再是简单的看了。眼睛还在个人的精神生活中发挥着极为重要的作用。欣赏美丽的容貌、优美的景观或精彩的绘画作品等审美活动都要依靠眼睛来完成。

同样的道理，认为景观中的某个元素应该只具有单一的功能也是不对的。按照功能分区的设计思路，人们常常把一个景观划分为某些区域，每个区域对应于某种特定类别的功能。比如，有些作品为了考虑儿童的活动专门开辟出儿童活动区，出于安全方面的考虑，甚至还用栅栏把这个区域与其他区域分隔开来，这样，其他年龄阶段的人就被排斥在外面，他们只能作旁观者。而儿童们却往往不愿局限于这样的分离，尽管儿童活动场所有一些让他们喜爱的设施，但是，他们天生的好奇心是不会满足于有限的活动项目的，再有趣的游戏也有让他们厌倦的时候，只要有机会，他们往往乐于在其他场所开发能引起兴奋感的项目。这样，儿童们自己开辟的活动场地——不论那是所谓残疾人活动区还是老年人健身区——就被这些"入侵者"纳入了所谓"儿童活动区域"，从而构建起了一个范围更大的"儿童活动系统"，本来被设计师按照树形结构关系设计的功能系统被孩子们突破了，各功能单元之间建立起了亚历山大所说的半网络结构，而原本被认为应该发挥其

他功能的区域，则由于儿童的能动作用而获得了新的功能。如果能够认识到建立系统与划分区域之间的区别与联系，设计师就应该相应地考虑给每一个功能分区适当地提供对其他功能开放的可能性，只有具备这种可能性，能满足复杂功能的系统才有可能得以建立。

对功能进行分类是景观研究与景

图4-77：专门开辟的儿童活动区

图4-78：儿童活动区域

图4-79：用栅栏与其他区域分隔开来的儿童活动区

图4-80：为各类分区提供面向其他功能的开放性

观设计的必要前提，但分类并不意味着简化各类别之间的关联方式甚至干脆取消它们复杂的关联，并按照被简化的方式进行功能分区，通过截然的分区取缔各功能元素之间本来应该具有的交叠关系。只要对此有清醒的认识，对功能的分类就不但是可行的，而且是必要的。在对各种功能加以分类的前提下，为各类分区提供面向其他功能的开放性才可能是有目的、有针对性的，这种工作是设计师的责任，它不应该完全推脱给景观的使用者，特别是那些大胆"入侵"其他领地的孩子们。

景观的功能应该与人的需求相对应，应最大限度地满足多方面主体的复杂需求。总的来说，与景观相关的主体可分为使用者与提供者两大类。按照不同的分类依据，还可以对这两大类再进行多种方式的细化。比如，按照年龄特征，使用者可以分为老年人、中年人、青年人、少年、儿童、婴幼儿等；按照身体状况可以分为健康人群与特殊人群；按照来源可以分为本地人群与外来人群；此外，按照知识水平、收入水平、性别、民族、职位等标准都可以进

行分类。景观的提供者包括决策者、开发者、设计者、管理者等，并且，景观的使用者也可能参与到决策、开发、设计、管理与维护过程而在一定程度上担任提供者的角色。在一个设计项目中，不同的主体会有各种不同的甚至矛盾的需求。为了能够针对这些需求综合考虑景观的功能元素，一般会对它们进行分类，在每一个大的类别下面，还可以细分出次一级的类别，如此可以不断地细化下去。由于景观设计的复杂性，只有一个层级的分类是很少见的，在一个层级的需求下面，还会有一定的子需求，也就需要景观提供相应的细化的功能，这种细分从理论上讲可以是无穷的，这种无限的可能性造成了实际操作中的困难。

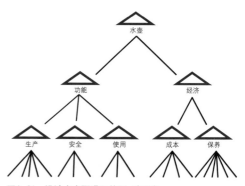

图4-81：设计水壶要满足的21 种需求
图片来源：Alexander，Christopher．Notes on the Synthesis of Form．Cambridge：Harvard University Press，1964．62．

图4-82：景观的功能应该对多方面主体的丰富需求做出回应

亚历山大以一只水壶的设计为例说明了这种分类的窘境。假设一个集合里面有n个事物，再假设这些事物一共有2^n个不同的子集，那么，如果设计一个水壶需要满足21种需求，则这21个需求就可以细分出2^{21}种更具体的需求。可是，姑且不说如何满足这些需求，仅仅命名这2^{21}种需求，就需要超过一百万个词汇，这个数目已经超过了目前英语的词汇总量。[1]

一只水壶尚且如此，对更复杂的景观使用分类的方法就显得更加困难了。不论是按照类似的方式对景观涉及的主体还是各主体的需求进行分类，都会使所得到的集合与子集达到很高的数量级，并且，各类主体及其需求并不呈现简单的树形结构，而是一种网络结构，这种网络结构实际上还是动态的，其变化的趋势是无法精确预料的。即使把主体锁定到一个具体的个体，这种动态性也不可避免。比如，一个孩子本来喜欢在沙坑中玩耍，但是，某天发生的一件不愉快就可能让他对沙坑退避三舍。因此，纯粹在理论上罗列各类主体需求以及景观所能够提供的功能清单，进而在设计过程中遵循这样的清单按图索骥地分析场地是没有实际意义的，事实上，这样一份理想的、包罗万象的清单也是不存在的。人们经常指责某些设计师设计过度，这种指责一般是说某个设计作品在形式语言上不够精炼，添加了太多不必要的装饰和细节。其实，对于功能作过细的划分也是一种过度的设计，这种过度设计所造成的危害往往比形式上的过度设计还要大，因为，许多功能、经济、

社会方面的问题都是由此引发的。

作为景观DNA的形式元素可以被约简为极少数的基本几何形状，而作为景观机体构件的功能元素却多得无法穷尽。比较可行也比较常见的做法就只能是结合具体景观项目列举相对重要的需求并限制分析的层次。可是，没有人能够保证，那些被主观地忽略掉的问题都是不重要的，或者在将来也永远无关紧要。分类的细化程度一般也是根据设计目标的要求和设计师的能力等因素而人为确定的，并且，分类的标准同样也是人为选择的。既然主观因素的介入不可避免，不确定性也是必然的，那么，在考虑景观的功能元素时就没有必要片面坚持所谓客观性，而是应该一方面尽可能全面地、前瞻性地考虑场地客观条件并发现潜在的主体需求；另一方面则尽

图4-83：供孩子们玩耍的沙坑

图4-84："谁知道你们会从哪里走？"——没有小径的绿地

[1] Alexander, Christopher. Notes on the Synthesis of Form. Cambridge: Harvard University Press, 1964. 62~68.

可以发挥设计师的主观能动性，努力创造一种既能够满足已知需求又能诱发和接纳未知需求的形式，用形式的开放性来弥补树形结构甚至单向线性结构思维方式的不足，避免被动地用形式去追随功能，并充分考虑主动地用形式激发功能的可能性。这样，不但许多功能上的问题可以解决，而且，形式上的创造也能够摆脱僵化的功能分析的束缚，使设计更多样、更新颖、更有意味。路易斯·康在苏黎世理工学院讲演时设想，要把一个大学的俱乐部坐落在一块没有小径的绿地上，他的理由是："因为谁知道你们会从哪里走？"❶

第四节 景观的灵魂：精神元素

❶［美］路易·康.静谧与光明——路易·康于瑞士苏黎世理工学院的讲演（1969年2月12日）.李大夏.路易·康.北京：中国建筑工业出版社，1993.118.

❷朱良志.中国艺术的生命精神.合肥：安徽教育出版社，1995.260~284.

宋代大画家郭熙的《林泉高致》中说："山以水为血脉，以草木为毛发，以烟云为神采。故山得水而活，得草木而华，得烟云而秀媚。"中国古代风水学典籍《黄帝宅经》也说："宅以形势为身体，以泉水为血脉，以土地为皮肉，以草木为毛发，以舍屋为衣服，以门户为冠带。若得如斯，是事俨雅，乃为上吉。"中国园林被称作"壶中天地"，它讲究"芥子纳须弥"，园林就是微缩的宇宙。中国古代的宇宙观是时间与空间的统一，是物质世界与生命精神的统一。作为宇宙模型的园林自然也被认为是充满生命精神的。朱良志先生认为，中国古代园林中贯彻着生命精神，它通过"通"、"流"、"隔"、"抑"、"曲"、"烟"等具体的表现手法得到体现。❷ 可见，古人眼中的自然景观与人工景观都被看作生命体，这些生命体不但有活生生的肉体，而且还是有灵魂的。

有人可能会质疑说，那不过是文学

图4-85：壶中天地

性的表达，抑或是一种信仰，甚至是一种层次很低的封建迷信。可是，在当代西方，许多掌握着丰富科学知识的学者也表达过类似的思想。他们认为，场地的灵魂和精神不是一种虚幻的东西，虽然有时候它很难用语言很明确地表达出来，人们往往还是会被一种莫名的东西所打动，那种体验可能很朦胧，也可能很真切。这种莫名的东西在亚历山大的《建筑的永恒之道》中被叫作"无名特质（quality without a name）"，在诺伯格·舒尔茨（Christian Norberg Schulz，1926—2000）的《场所精神：迈向建筑现象学》中被叫作"场所精神（Genius Loci或spirit of place）"。亚历山大说："存在着一个极为重要的特质，它是人、城市、建筑或荒野的生命与精神的根本准则。这种特质客观明确，但却无法命名。"他尝试用生气、完整、舒适、自由、准确、无我、永恒等词语来谈论无名特质，但又认为这些词太空泛，太不明确，范围太大，无法准确说明这种特质。因此，他干脆称这种特质为"无名特质"。❶ 站在生态学的立场，弗雷德里克·斯坦纳教授（Frederick Steiner）也把景观看作有生命的，他著作的标题《有生命的景观：景观规划的生态学途径（Living Landscape：An Ecological Approach to Landscape）》就明确地表明了这个观点。人们把地球的生态系统称作养育生命的大地之神"盖亚"，也表达了把大地景观看作生命体的意思。

图4-86：无名特质

图4-87：无名特质

亚历山大在描述无名特质的时候，曾使用了"生气"、"完整"这两个词，却发现它们并不能准确地表达无名特质的全部意义。对这两个词以及二者的关系，中国古代也有独特的理解，它同亚历山大的解释不尽相同。

"生"、"气"二字在汉语里分别有自己的意思。中国古代的气原本指构成万事万物的基本元素，这让人想起古希腊的泰勒斯所说的万物由水构成，或者阿那克西美尼的想法："我们的灵魂是气，这气使我们结成整体，整个世界也是一样，由气息和气包围着。"❷ 但是，中西方对气的理解有一个重要的区别，即中国古代所说的气是一种无，一种虚空，有从无中产生。张载的《正蒙·太和》说："虚空即气"，"太虚无形，气之本体，其聚其散，变化之客形尔。"按《易·系辞上》的"精气为物"，或按王充《论衡》的"天地合气，万物自生"，都是这样理解气的。至于怎样从虚空中产生物质实体，这是一般的西方人无法理解的。古希腊的巴门尼德早就说过："或者永远存在，或者根本不存在"，"我不能让你这样说或想，它是从非存在物中产生。"❸ 分歧出现于中西方对无或虚空的理解。西方人把无或虚空当作是物质与精神上的一

❶ [美]C·亚历山大.建筑的永恒之道.赵冰译.北京：中国建筑工业出版社，1989.15～30.

❷ 北京大学哲学系外国哲学史教研室编译.西方哲学原著选读.上卷.北京：商务印书馆，1983.18.

❸ 北京大学哲学系编译.古希腊罗马哲学.北京：商务印书馆，1961.52.

无所有，而中国古代的虚空中虽然也不存在物质，但是却充溢着精神性的气，或者说"虚空即气"，而且，气是运动着的，可以聚散。古人对于"生"与"气"二字的关系是从生命的意义上理解的。《庄子·知北游》说："人之生，气之聚也。聚则为生，散则为死。"可见，这里所说的生命中精神性的气与西方人说理解的没有生命的物质意义上的气是不同的。《庄子·至乐》中还说明了由气到生命的生成过程，其中，又加上了"形"这个环节："杂乎芒芴之间，变而有气，气变而有形，形变而有生。"这样，就把精神性的气、形式与生命三者的关系都交代了，通过气，物质实体、形式与生命联结为整体。

"气"在中国古代艺术理论中具有非常重要的地位，南齐谢赫提出的绘画"六法"第一条就是"气韵生动"，

❶陈从周.说园.陈子善编.陈从周散文.广州：花城出版社，1999.4～7.

图4-88：天地合气，万物自生：陈洪俊的《树下弹琴》
图片来源：高居翰.山外山.台北：石头出版股份有限公司，1997.259.

"气韵生动"长期以来被认为是艺术的最高准则。继谢赫提出"气韵生动"之后，在古代艺术理论中，"气"是被谈论最多的概念之一。唐代张彦远在《历代名画记》中有"若气韵不周，空陈形似，笔力未道，空善赋彩，谓非妙也"的论述。归庄的《玉山诗集序》中用人体作譬喻谈论作诗："譬之于人，气犹人之气，人所赖以生者也。一肢不贯，则成死肌，全体不贯，形神离矣。"刘熙载的《艺概·书概》说："书之要，统于'骨气'二字。"围绕着"气"的概念，古代艺术理论中又有气势、气脉、气象以及与之相关的意象、意境、意匠、格调等概念，它们都是对艺术中精神性范畴的界定。比如，关于山水画与造园等艺术中经常提到的"气势"和"龙脉"，清代的"四王"之一王原祁在《雨窗漫笔》中进行了阐释，他认为，"龙脉为画中之气势"。清代的华琳在《南宗抉秘》中也指出："而又一气婉转，非堆砌成篇，乃得山川真正灵秀之气。"在古代造园实践中，这些理论得到完美的贯彻。今天的园林管理者往往不能领会古代造园家的生命意识，造成对古代遗产的破坏而不自知。陈从周先生对苏州的网师园改建就有这样的遗憾，他认为，"山贵有脉，水贵有源，脉源贯通，全园生动"，可是，"网师园以水为中心，殿春一院虽无水，西南角凿冷泉，贯通全园水脉，有此一眼，绝处逢生，终不脱题。新建东部，设计上既背固有设计原则，且复无水，遂成僵局。"❶ 这个实例说明，

"气"虽然听起来很抽象，但是，在具体的景观作品中，它又能够附丽于地形、水脉、道路、植物等景观材料，在整体立意的统领下，得到最真切的表达。

也许气、气韵、意象、立意、意境这些说法在今天一些人看来具有过于强烈的神秘主义色彩，一个很重要的原因是由于当代西方的话语体系居于强势地位，当人们试图用这套话语解释中国古代艺术理论的时候，就显得有些力不从心了。比较起来，西方学者现在经常使

图4-89：王原祁的绘画作品《云山图》
图片来源：李涛，张弘苑主编.中国传世藏画.北京：中国画报出版社，2002.440.

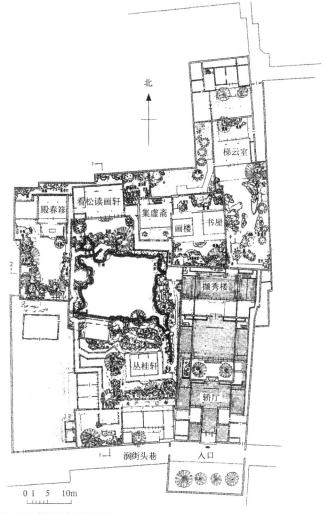

图4-90：苏州网师园平面图
图片来源：刘海燕.中外造园艺术.北京：中国建筑工业出版社，2009.37.

图4-91：苏州网师园

用的场所精神、无名特质、意味之类的词汇似乎反而更容易被人接受些，甚至仍然带有一定神秘意味的字眼"精神气质（ethos）"也经常会被某些当代设计理论家提起。虽然这些词汇并不等同于中国的气、气韵、意境等概念，但与这些概念一样，它们都是对精神性元素的称谓。就景观设计而言，当这些精神元素贯彻于景观的物质实体与形式中的时候，就会赋予景观最可贵的灵魂，使景观成为一种有生命的整体。一旦失去这些精神元素，景观就会沦为没有生命的材料堆砌，正如没有灵魂的人只是一副躯壳。

凯文·林奇在《城市形态》中把历史上曾经出现过的城市大致分为三种模式：宇宙模式、机器模式、有机模式，它们分别对应于哲学上的神秘主义、理性主义和自然主义。这种划分对于理解景观中的精神也是有一定的参考价值的。有机模式虽然注重城市机体的功能性甚于精神性，但它至少还是把城市看作动态的生命体，而机器模式则过于简单地把城市看作了没有生命的机器部件组合，城市空间的精神性往往遭到漠视，事实证明，按照这种模式建设的大多数现代城市是不够人性的，它们很难得到人们的认同。以古代中国和印度城市为最完美代表的宇宙模式城市极为看重城市的精神属性，它们把城市的空间形态与宇宙秩序、神灵、人间的权力联系在一起。虽然其中迷信的成分已经随着时代的发展而逐渐远离人们的生活，但是，用空间形态作用于人们的心理并

表达精神性力量的做法在今天仍然是有效的和富有魅力的。"这些形态的确为我们提供了一种安全感、稳定感、永恒感，一种威严感和自豪感。所以它们仍可以用来表达某一族群的荣耀与情感，把人和场所联系在一起，来强化人类繁衍的感受，或显露宇宙的伟大。"❶

从景观的精神属性上看，它是人类精神生活的载体，甚至可以说，它因人而存在。由于人的移情作用，景观才能获得其精神属性。沃林格在其移情理论中就论证了这个观点，他说："描述移情这种审美体验特点的最简单套语就是：审美享受是一种客观化的自我享受。审美享受就是在一个与自我不同的感性对象中玩味自我本身，即把自我移入到对象中去。'我移入到对象中去的东西，整个地来看就是生命。'"❷

精神元素的重要性毋庸置疑，但是，由于精神元素是无形的，甚至是难以明确定义的，如何才能在设计中加以把握和表达就成了一个难题。比如，诺伯格·舒尔茨的场所精神理论为很多人接受，它已经成为许多景观设计师遵循的设计哲学，场所精神是很多景观设计作品的明确追求。场所精神理论明确了场所与空间的区别："场所不只是我们所在之处，场所是我们存在的方式，是我们认识的方式，是我们与自己所在之处的关联方式。"❸从而，景观设计超越了纯粹物质空间的设计而与人的精神生活建立了联系。但美国景观设计师马克·特里布却对某些"重建"文脉的做法表示了怀疑。他举例说，有的设计师考察了一下场地的历史，发现

❶[美]凯文·林奇.城市形态.林庆怡，陈朝晖，邓华译.北京：华夏出版社，2001.58.

❷[德]W·沃林格.抽象与移情.王才勇译.沈阳：辽宁人民出版社，1987.5.

❸ "Place is more than where we are, place is how we are, how we know, how we connect to the location that we are in." Laurene Vaughan.Material Thinking as Place Making.Studies in Material Thinking, April 2007, 1(1):1.

图4-92：宇宙模式的城市：印度的模型城市概念图vastu-purvsa（居住在基地之灵）
图片来源：［美］凯文·林奇.城市形态.林庆怡等译.北京：华夏出版社，2001.55.

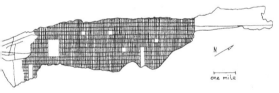

图4-93：机器模式的城市：1881年规划的纽约平面图
图片来源：［美］凯文·林奇.城市形态.林庆怡等译.北京：华夏出版社，2001.62.

图4-94：有机模式的城市：美国马里兰州绿化带平面图
图片来源：［美］凯文·林奇.城市形态.林庆怡等译.北京：华夏出版社，2001.68.

那里曾经是草原，于是，就通过种植草原上的这种草来象征这里的场所精神，结果，这片草地就像动物园笼子里的动物。由于语境早已大变，在当代人看来，它只是缺乏修剪的乱草，他们很难把这草与历史联系起来。过路人会嘀咕："他们什么时候才能来修剪草地？我确信只有老鼠和老天爷知道还有什么生活在草丛里。该给它浇水了，它都快死了。"相反，有很多景观设计师"克服"了场所精神，他们把水引入沙漠，或者通过建构围合的空间抵

图4-95：宇宙模式城市的空间形态提供了一种安全感、稳定感、永恒感、威严感和自豪感：清乾隆时期-18世纪后期北京皇城模型

御寒冷的气候来种植柑橘，这些无视场所精神的设计在艺术上往往却是成功的。特里布认为，恢复原有景观的做法没有充分的理由。场地提供的信息必须经过评价，人为的判断是必要的。❶

现在人们常用的"文脉"一词从某种意义上说是对场所精神的类似表述方式。当代荷兰明星建筑师库尔哈斯用最粗暴的方式表达了对文脉的蔑视，他说："去他妈的文脉（Fuck the context）。"❷ 如果没有特定的语境，这种态度显然是蛮横的、反文化的，但在一定条件下，这种对文脉的否定却值得三思。扎哈·哈迪德（Zaha Hadid，1950— ）的说法虽然也很不雅，但是，她还是给出了否定文脉的条件和理由，她反问道："如果您旁边有一

图4-96：场所是我们存在的方式

图4-97：这是要"重建"文脉吗？

❶Marc Treib，Must Landscape Mean？，Simon Swaffield，Theory in Landscape Architecture：A Reader，Philadelphia：University of Pennsylvania Press，2002．92～93．

❷伍端．"疯狂"对话"MAD"DIALOGUE——伍端对话MAD建筑师事务所马岩松．东方艺术，2005(3)：71．

❸大师系列丛书编辑部．扎哈·哈迪德的作品与思想．北京：中国电力出版社，2005．23．

堆屎，您也会去效仿它，就因为您想跟它和谐？"❸

是摆脱文脉，罔顾场所精神，追求最大化的自由，还是主动接受场地的限制，把场地中隐藏的信息加以发掘，并以景观设计的语言表达其中的场所精神，其关键还在于场地本身的条件以及设计师的判断，尊重场所精神并不是教条。当场地条件存在严重问题的时候，再无条件地坚持尊重文脉就有些迂腐了，这种无条件的坚持是对文脉主义的误解。这就好比在白纸上作画与在原有作品的基础上进行改绘，两者有很大的不同。假如原作非常精彩，自然要慎之又慎地动笔，但是，如果原来的作品糟糕透顶，而画家又有能力把它变得更好一些，那么，过多的顾忌就是多余的。过于保守地囿于教条的理论而不敢放手改善场地的状况，或者不顾现状追求虚假的"历史感"和"场所精神"不值得提倡，而肆意抹煞场地上很有价值的场所精神同样也是错误的。所以，问题的关键并不是要不要场所精神以及景观设计中的精神元素是否重要，而是能否切实地尊重有价值的场所精神，或者在场地缺乏场所精神的时候能否通过精神元素的把握赋予场地新的精神。舍此二者，就无所谓景观的灵魂与生命。

作为精神性元素，不论是中国艺术理论中的气韵还是西方学者提出的场所精神或无名特质，都是一种主观的因素，它借助设计师的体验与感知得以明确，又通过设计师的构思得以充分表达。构思，即艺术家创作意图的确立，在中国艺术理论

中被称作立意，以此为开端，艺术家才能进入营造"意境"的过程。中国艺术中的意境理论，对于今天的景观设计仍然具有重大的指导意义，因为，景观设计就是一种"造境"的艺术。中国古典园林的成就之所以能够达到那样一种无与伦比的高度，与对于意境的明确追求是分不开的。意境要依赖景观的物质性元素才能得以表达，但它又是对于物质性的超越，是一种在精神层次上的追求。按谢赫在《古画品录》中的说法就是："若拘以体物，则未见精粹；若取之象外，方厌膏腴，可谓微妙也"，唐代诗人刘禹锡在《董氏武陵集记》中把这个思想概括为"境生于象外"。

唐代诗人王昌龄在《诗格》中提出了"三境说"，即：物境、情境、意境。这是"造境"的三个层次。清代学者王国维也极力强调意境的重要性，并把意境分为三个层次："上焉者意与境浑，其次或以境胜，或以意胜。苟缺其一，不足以言文学。" ❶ 没有意与境，不但不足以言文学，也不足以言景观。在景观设计中，如果没有明确的立意，没有对于意境的追求，就会走入对景观元素进行机械拼凑、对别人的作品生吞活剥地模仿抄袭、片面追求构图的新奇怪异、作品没有整体感、思维混乱等歧途。

形式元素可以划分为许多层次，例如，从有机形式与几何形式这两大类可以再划分出圆形、椭圆形、正方形、三角形等简单的几何形状；功能元素也可分为许多层级，从实用功能与美学功能两个基本类别可以细化出分隔空间、引

图4-98："造境"的艺术：苏州博物馆的景观设计

图4-99："造境"的艺术

导交通等实用功能，以及引导视线、改善天际线等美学功能。与形式元素和功能元素不同，精神元素是不可分割的，它只能是一种整体的东西，总的来说，还原主义的分析方法对于这种需要从整体上进行直观的东西是无效的。在如何把握景观精神元素的问题上，应该充分强调感知与体验的重要性。精神元素惧怕过于理性的分析，冷静的审视会让它消失得无影无踪。打个比方，如果像外科医生一样用解剖的眼光看待人体，总想着这里应该藏着肝脏，那里是心脏的位置，那么，多么美好的身材也会丧失其动人之处。只有感性才能与审美对象进行流畅的对话，它会为美好的事物而愉快、激动乃至战栗，这类忘乎所以的

❶王国维原著.新订《人间词话》.佛雏校辑.上海：华东师范大学出版社，1990.77.

感动与迷狂却是理性分析的大敌。感性认识并不总是理性认识的前提，所谓"从感性认识上升到理性认识"的说法是对感性认识的贬低，是理性认识的话语霸权。感性提示着、印证着、让人领悟着生命的存在感，感性有时候是虚幻的，有时候又是真切的。感性是连接物质与精神的桥梁，通过感知，人的精神世界才能被物质世界所感动，通过诉诸感知，设计师才能使景观中的物质元素打动人们的灵魂。巴黎的二战集中营殉难法国人纪念馆（Martyrs français de la déportation）以逼仄的空间、粗粝的墙面、尖锐的造型、单一的色彩给感官强烈的刺激，营造了肃穆与震撼的氛围，现场的观众无不体验着一次灵魂的洗礼。在那个时刻，物质材料及其物理属性已经不再重要，理性的分析也变得软弱无力。在感官体验开始的一瞬间，那些本来具有一定实用价值的台阶、入口、墙壁等物质性的功能元素，以及使这些功能得以实现的形式元素，就实现了向精神元素的升华。

图4-100：巴黎二战集中营殉难法国人纪念馆粗粝的墙面

图4-101：董媛作品《历代帝王图剖析——蜀主刘备》。解剖的目光下，帝王风范全无
图片来源：中央美术学院编著.中央美术学院造型学院学生作品集.6.实验艺术系：英汉对照.南京：江苏美术出版社，2007.82.

图4-102：巴黎二战集中营殉难法国人纪念馆逼仄的空间、粗粝的墙面、尖锐的造型、单一的色彩给感官强烈的刺激，营造了肃穆与震撼的氛围，是对灵魂的洗礼

图4-103：巴黎二战集中营殉难法国人纪念馆的台阶

第五章 景观元素和景观设计方法

JINGGUAN YUANSU HE JINGGUAN SHEJI FANGFA

第一节 两种理性

"思想是没有止境的，但是有原点。"❶ 按照笛卡尔坐标系，x、y、z这三条互相垂直的轴线相交于一个原点，这就是三度空间的标准模型。与这个模型不同，思想的原点不止一个。仅在西方哲学领域，就存在两种最主要的传统，它们惯常被称作唯理论与经验论。由于分别站在理性与经验这两个不同的原点，两大派别发展出了各自不同的理论体系。

唯理论相信理性足以为基本的哲学问题提供答案，并且，他们相信这些答案就是真理。由于欧洲大陆是这些唯理论者产生的土壤，他们还被叫做大陆唯理论者，这些人包括柏拉图、奥古斯丁、笛卡尔、莱布尼茨、斯宾诺莎、康德、黑格尔等。虽然唯理论者也不完全拒斥经验的作用，但他们不相信经验与感觉能够揭示出真理。他们认为，只有思维与心灵才能够产生知识，天赋观念、理性直观、数学、逻辑推理和演绎是获取知识的有效途径，而只依靠经验却无法做到这一点。

18世纪的启蒙运动是理性思想发展的分水岭，这时，英国的牛顿确立了以观察为基础的科学研究方法，经验论由此产生。同样产生于英国的约翰·洛克、乔治·贝克莱、大卫·休谟、伯特兰·罗素等主要的经验论者被叫做英国经验主义者。他们认为一切知识最终都来源于经验。他们虽然也相信理性的作用，但他们认为，理性的作用仅限于逻辑和计算领域，对于那些主要的哲学问题，理性很难提供更多的东西。按照洛克的说法，婴儿的心灵就如同一块"白板"，后天的经验反映在这块"白板"上，经过积累与归纳，才产生了知识。

源自两个原点的思想体系表现出对两种理性不同程度的信赖，康德把这两种理性分别称作"纯粹理性"与"实践理性"。后来，马克斯·韦伯（Max Weber，1864—1920）又区分了"工具理性"与"价值理性"，另有保罗·蒂里希（Paul Tillich，1886—1965）划分的"技术理性"与"存在理性"，韦伯和蒂里希的分类都没有跳出康德的二元论框架。马克斯·韦伯所说的"工具理性"又被叫做

❶李迪华.对想象与创新的思考——读懂西方才能理解中国.李迪华等主编.徒步阅读世界景观与设计——"世界建筑、城市与景观"课程教学案例.2.北京：高等教育出版社，2010.4.

图5-1：荷兰代尔夫特市新教堂广场地面上的罗盘

工具合理性、目的合理性、功能理性、科学理性、技术理性或形式合理性，"价值理性"也叫做价值合理性或实质合理性等，这些叫法之间自然存在一定的差异。两类理性是站在对社会行为方式进行分类的角度划分的。其中，利用手段、技术追求功利目的的行为称之为目的合理性行为；而"伦理的、美学的、宗教的或作任何其他阐释的——无条件的固有价值的纯粹信仰，不管是否取得成就"的行为则被叫做价值合理性行为。❶工具理性以真假、对错为标准；价值理性则以美丑、好恶、相信与怀疑等为尺度；工具理性崇尚并致力于客观的、可量化、可计算、可精确度量的价值；价值理性则认同主观的、只能定性的、不可精确度量的价值。韦伯指出，价值判断、价值理性是文化、传统、社会地位和个人爱好等因素的产物，它非关科学；而工具理性只在乎技术与程序的合理性。

因为不同于知识判断，审美判断之类的价值判断被那些由英美主导的哲学流派认为与真理无关，更由于它们不可能用精确的数字和清晰的数学公式来表达而被这些人逐出了知识的领地。于是，追求效益最大化的工具理性压倒了追求道德、目的、价值的价值理性成了现代性的一个重要特征，人们把本来只是手段的工具理性当作了目的，形式逻辑、科学与定量化的计算形成了对道德、伦理、美学、宗教、目的、价值等无法量化计算的观念的排斥与压迫，并傲慢地从自然科学向人文与社会科学领域渗透。分析哲学、自然科学哲学等哲学派别致力于对人文科学进行自然

科学式的改造，就是企图让工具理性取缔价值理性。与此相对，后期维特根斯坦、海德格尔等人却力图从语言的本质入手瓦解那种形而上学的思维方式，他们主张应该避免从抽象的逻辑规定性上理解语言，要返回语言的具体性、生动性以至诗意性，返回语言的日常用法，即海德格尔所说的语言应回归思与诗。

价值理性主张凡事要合乎人情，工具理性坚持凡事应合乎事理，倘若能既合情又合理，当然皆大欢喜。可是，这类两全其美的事情往往只存在于愿望与理想中。拿国内许多大城市的公共交通问题来说，就可以想见合情合理的不易。我国的城市公共交通相对滞后，与老百姓日益增长的出行需求一直存在着巨大的矛盾，同时，交通管理与公交运营部门的法规方面也面临在情与理方面无法平衡的困境。老百姓上下班不能迟到，不管公交车多么拥挤，也不得不设法挤上去；交通管理部门按照《道路交通安全法》的规定要查处超载；而公交运营部门则一般没有明确指出公交车司机不能超载，对不得拒载却是有严格规定的。要人情还是要法理，各方面立场不同，就造成偶尔有些城市限制公交车超载却引来社会的普遍争议，而一般情况下交管执法人员宁可置法律条文于不顾而对公交车超载基本上睁一只眼闭一只眼。结果是，虽然出于安全考虑在法律上对公交车超载有严厉限制，但公交车超载却司空见惯，大多数情况下，各方面主体达成了默契，价值理性与工具理性在博弈中试图取得一种微妙的平衡，合情合理又合法则只能沦为空谈。

❶此处解释为沈湘平根据商务印书馆1997年版，林荣远翻译的马克斯·韦伯的《经济与社会》上卷第56页归纳的。见：沈湘平.全球化与现代性.长沙：湖南人民出版社，2003.163.

与公交车这样的事例一样，不论唯理论者还是经验论者都不可能真正做到完全放弃两种理性之中的任何一种，但他们对两种理性却有不同的态度，在某种程度上，这些态度表现出一定的矛盾与两难。唯理论者虽然相信主要依靠工具理性才能进行的逻辑推理、演绎和计算是获取知识的真正有效途径，但是，要从这些发生在思维中的活动里面彻底清除主观的价值判断却几乎是不可能的事情，唯理论者与价值理性难以割断的联系恰恰是他们遭到经验论者质疑的一个要害；经验论者虽然坚持主体的经验是真理的根本来源，但是，他们仍然要把工具理性作为自己的工具，在获取知识的过程中，他们依赖经验却要时刻注意排除价值理性与价值判断以寻求最大程度的客观性。

尽管数学可以无视信仰，诗歌可以不要计算，但是，景观设计却同时需要工具理性与价值理性。从这个意义上讲，景观设计学是个更复杂的学科。景观设计学经常面临一种窘境：某个景观作品即使从各个角度衡量都没有错误，人们也有权利说"不喜欢"；有的作品以非常感人的形式赢得许多赞美的同时，又有很多批评者指出了作品中显而易见的错误。就是说，用工具理性标准衡量是合格的作品，很有可能却是个平庸的作品，它只是"对"，却并不"好"，或并不"美"；用价值理性标准衡量受人喜爱的作品，很有可能却是一个存在错误的作品，它只是"好"或者"美"，却并不"对"。这就好比王国维先生所说的，"哲学上之说，大都可爱者不可信，可信者不可爱。余知真理，而

图5-2：元代画家管道昇的《墨竹图》
图片来源：李涛，张弘苑主编.中国传世藏画.北京：中国画报出版社，2002.146.

图5-3：故宫博物院收藏的玉白菜
图片来源：赵伟

余又爱其谬误。"❶ 不放弃对真理的执著，同时，以审美的眼光审视谬误，只有这样，才能理解水墨画中黑色的竹子、❷与模仿对象材质迥异的雕塑、马蒂斯绘画中红色的人体、毕加索绘画中三只眼的美女、拙政园中比房屋还要矮小的假山，以及种在校园里的稻田，也才有可能打破惯常的"正确"标准，对那些以

❶ 王国维.静庵文集续编.王国维遗书·第五册.上海：上海古籍书店，1983年影印本.自序二.

❷ 据说宋代的苏轼甚至用朱砂画"朱竹"。

艺术的名义犯下的"错误"保留足够的宽容甚至欣赏。

　　一方面，工具理性的不足会导致价值目标难以顺利实现，另一方面，完善的工具理性如果为丑或恶的价值目标所用，则可能导致灾难，此时，工具理性越强大，后果越严重。更常见的情形是，当工

具理性的计算无能为力的时候，价值理性随即出场。但设计师的两难是，在设计开始阶段，应该首先倚重工具理性呢，还是让价值理性成为指路的明灯，设计师必须做出选择，或在二者之间寻求一种微妙的平衡，这就要求他相应地确定一种对自己适用的方法。

第二节 两类方法

　　设计方法是复杂多样的，严格说来，每一个设计师，每一个方案，采用的设计方法都不尽相同，并且，新的方法总是在出现。这时，必要的分类就成为展开探讨的前提。设计方法的分类方式有很多，比如，勃罗德彭特把设计方法分为四种：实效性的（pragmatic），象形的（iconic），类比性的（analogic），法则性的（canonic）❶；舒尔茨则划分出思维的方法与感觉的方法两大类。

　　不同的设计方法又开始于不同的起点，在建筑设计、景观设计等领域，对设计起点的分类方式也不止一种，这取决于分类的标准。

　　Thomas C. Hazlett把景观设计中大地景观形式的起源（form derivation）分为四种，即几何学（geometry）——平面和立体的几何形状（plane and solid geometry）、地形学（geomorphology）——自然的大地形态（natural land forms）、矿物学（mineralogy）——矿物结晶学（mineral crystallography）、考古

学（archeology）——大地形式的历史原型（historic land form prototypes）。❷

　　宫崎兴二的著作中把建筑设计用到的各种几何要素归纳为多边形、多面体、曲线、曲面、超立体等类别，用他自己的话说，就是"立足于将数理几何学扩展为二维多边形、三维多面体、四维超多面体（多微粒体）、二维曲线、三维曲面、四维超曲面而加以论述"，❸ 他的分类依据是空间的维度。

图5-4：超立体：70维立方体在三维空间的平行投影
图片来源：[日]宫崎兴二.建筑造型百科·从多边形到超曲面.陶新中译.北京：中国建筑工业出版社，2003.183.

❶[英]G·勃罗德彭特.建筑设计与人文科学.张韦译.北京：中国建筑工业出版社,1990.27.

❷Hazlett, Thomas C. Land form designs. PDA Publishers Corporation, 1988.1～2.

❸[日]宫崎兴二.建筑造型百科·从多边形到超曲面.陶新中译.北京：中国建筑工业出版社，2003.186.

宫宇地一彦归纳了约定事项（语言、部位、日本式、几何学）、五感（物体、身体、自然、地形）、灵感（巨匠的灵感、皮尔斯的智慧、其他、哲理）等建筑构思的起点。❶

越后岛研一总结了勒·柯布西耶建筑创作中的九个原型，它们分别是三个整体轮廓的原型、三个立面效果的原型和三个配角的原型，其具体形式是一些以矩形为基础的简单几何图形。他认为，这些几何图形就是柯布西耶建筑创作的起点。❷

凯文·林奇（Kevin Lynch，1918—1984）划分的城市原型是宇宙城市原型、机器城市原型和有机城市原型，❸ 林奇只把这种划分用于对城市的研究，而纯粹几何形式的研究没有得到他的关注。

还有人把景观设计归纳成五种模型，即：概念-检验模型、分析-综合模型、经验模型、综合智力模型、联想模型（the concept test model，the analysis-synthesis model，the experiential model，the complex intellectual activity model，the associationist model），❹ 每种模型都有相应的出发点。

这里，Hazlett、宫崎兴二、越后岛研一等人的分类显然有理性主义的倾向，而宫宇地一彦、凯文·林奇等的分类就比较多地考虑了人的因素，并带有一定的经验主义色彩。所以，舒尔茨划分的思维的与感觉的两大类方法，即分析和直观的方法，就可以基本涵盖上述各种类别。其中，分析的方法以还原主义为理论依据，直观的方法则表现了整体主义倾向。如果说还原主义的基本方法是从一个系统的高

❶[日]宫宇地一彦.建筑设计的构思方法——拓展设计思路.马俊，里妍译.北京：中国建筑工业出版社，2006.

❷[日]越后岛研一.勒•柯布西耶建筑创作中的九个原型.徐苏宁，吕飞译.北京：中国建筑工业出版社，2006.

❸王建国.现代城市设计理论和方法.南京：东南大学出版社，1991.10.

❹Lee-Anne S. Milburn，Robert D. Brown. The Relationship Between Research and Design in Landscape Architecture. Landscape and Urban Planning.2003(64)：47~66.

层次向低层次还原、将整体还原为各组分，其关键词是"分"，那么，整体主义的方法则强调研究高层次作为一个整体的重要性，其关键词是"合"。在两种方法之间的取向还反映出设计师在唯理论与经验论之争辩中的立场。

正如唯理论与经验论都不可能完全放弃工具理性或价值理性，不论景观设计师是坚定的形式主义者还是功能主义者，也不论他是把形式元素、功能元素或精神元素作为景观设计的起点，两种理性都会适时发挥各自的作用，这使得景观设计成为一种复杂的创造活动，因两种理性发挥作用的时机与程度的不同，设计方法呈现出极大的丰富性，只依靠某一种理性的设计活动是不可想象的。只是，为了描述与研究的方便，对这些方法进行分类与归纳就成为必要。两种理性与各种因素之间错综复杂的关系大致可如图5-5所示。

功能与形式是任何景观设计都必须考虑的两个基本问题，在解决这两个基本问题时，工具理性与价值理性会有不同的表现，也就是说，它们发生作用的方式是不同的。相应地，就产生了主要依靠分析和主要依靠直观的两大类设计方法。

其中，借助工具理性的方法在解决形式问题的时候会寻求并遵循形式的逻辑法则，试图让新的景观形式在形式逻辑的控制下生成，形式要服从逻辑的决定论；这类方法在解决功能问题的时候会设法罗列各方面、各层次的需求，把与之相应的功能进行分类，随后的功能分区要体现这些分类。至于应该由功能决定形式，还是

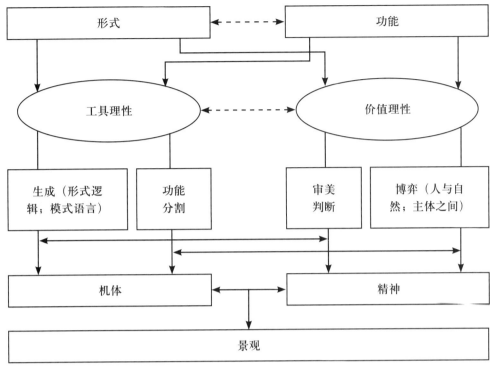

图5-5：两种理性在景观设计中的作用分析

形式优先然后再考虑功能，则是由对形式与功能的不同态度所决定的。尽管有此不同，借助工具理性的方法不论是在解决形式问题还是功能问题时都主要应用分析的方法。

信赖价值理性的方法在解决形式问题的时候在很大程度上会依靠设计师的审美判断，既有的形式借助感知被把握，新的形式往往得自感知、愿望、偏好与稍纵即逝的灵感；在解决功能问题的时候，价值理性会在人与自然之间以及不同主体的需求之间进行价值判断，平衡各方的利益关系，这种平衡不依赖于量化的计算，也不一定遵循以数字为依据的所谓理性主义的原则，这类原则包括牺牲少数人的利益以满足多数人的需求等表现形式。与崇拜数据与数理逻辑的立场不同，价值理性不

排斥主观的态度，依据价值理性所展开的各个利益主体之间的博弈带有很强的主观色彩。从方法论上看，从价值理性出发的设计不囿于数据分析，它是一种更加信赖感性与直观的、具有明显人文主义倾向的方法。

路易斯·康1969年曾在瑞士苏黎士理工学院的演讲中用"静谧（silence）"与"光明（light）"分别代表不可量度的事物与可量度的事物。即使寻求客观知识并以精确量化为主要工具的科学也不应把自己局限于可量度之物的范畴，甚至可量度之物对于科学来说也不是首要的。康说道："我只是希望科学第一个真正有价值的发现该认为无可量度正是他们力图去理解的东西，而可量度的只是不可量度的侍役。人类创造的任何东西根本上应当是无

可量度的。"　"在艺术工作中有可量度和不可量度之分。当你说：'这妙极了，'你是在谈及无可量度的事物，没人能理解你。但这是他们不对，因为事物根本上是不可量度的。"　"表达的最高级形式是艺术，因为它是最不可界定的。"❶　康以爱因斯坦为例指出，那不可量度的对宇宙秩序的感受才是爱因斯坦取得超凡成就的原因，这成就不是从数学知识、科学知识中得到的。作为人类创造物的建筑更是起始并结束于不可度量之物。康指出，"一座出色的房子，按我的看法，必须由无可量度开始，当其在设计时又必须通过可量度的种种手段，而最终也应当是无可量度的。"❷　康在这里讲的其实就是两种理性的关系及其在设计中发挥的不同作用，其中，工具理性对于与人类有关的一切归根到底都是无能为力的，甚至在科学这种工具理性本来游刃有余的领域里，当人们进行终极的追问时，比如问到时间的来历、空间的来历时，没人能用工具理性得到令人信服的答案，人们只是提出一些假说，这些假说的提出者，包括伟大的牛顿和爱因斯坦，最终都不得不在上帝那里寻求归宿。

"理性"被一些人很局限地仅仅理解为工具理性，价值理性不在这种"理性"的范畴中，或者说，价值理性不过是一种非理性，而非理性往往被等同于丧失理智。其实，正如艺术不必排斥理性，科学也不必贬低非理性，因为，伟大的科学发现往往正是起始于非理性。爱因斯坦儿时骑着光线旅行的想法尽管对于当时的科学来说似乎是荒谬的，但是，当爱因斯坦

开始严肃地考虑这个想法的时候，相对论产生了。所以，爱因斯坦有一句广为引用的名言指出了非理性对于科学的重要性："如果一个想法起初不是荒谬的，那么，它就是没有希望的（If at first the idea

图5-6：爱因斯坦："如果一个想法起初不是荒谬的，那么，它就是没有希望的。"
图片来源：http://image.fengniao.com/138/1381934.html

图5-7：路易斯·康的作品
图片来源：http://www.foxlin.com/albums/bryan/Louis_Kahn_Salk_Institute.gif

❶ ［美］路易·康.静谧与光明——路易·康于瑞士苏黎世理工学院的讲演（1969年2月12日）.李大夏.路易·康.北京：中国建筑工业出版社，1993.116～120.

❷ ［美］路易·康.形式与设计.李大夏.路易·康.北京：中国建筑工业出版社，1993.127.

is not absurd, then there is no hope for it）。"❶

不论是依靠形式逻辑进行的形式推衍，抑或是按照机械的功能分析方法进行功能区的分割，都是主要依赖工具理性完成的，这种对待景观设计的方式更强调景观的物质性、实体性方面，景观设计被看作一种按照潜在法则进行的推导和运算过程，那些不可量化的精神性因素往往被排斥于这个过程。可是，审美判断、人与自然的博弈以及各主体之间的博弈都是直接有关于人类的，与它们相关的功能和形式的问题都需要依靠价值理性来解决，即使在博弈过程中要用到量化与计算，确定计算方法、选择计算因子、权衡评价指标、评估计算结果乃至最终做出决断的仍然是价值理性。当然，如果能够让两种理性都很好地发挥作用，景观设计就可以达到最大程度的合情合理，既有运作良好的机体，又有旺盛的生命，获得功能与形式、物质与精神各个方面的完美结合。可是，绝对完美的设计过程往往只是一种理想，在具体的设计中，这样的过程是不存在的，各种设计方法总会表现出对于两种理性不同程度的侧重。工具理性长于分析，它的依据主要是"法"；价值理性信赖直观，它更多地应用经验性的"式"。

我们的古人虽然提出了"法式"的概念，但在"法"与"式"的关系上，他们往往更注重"式"，这在很多领域都得到了体现。比如，在中国不但没有产生物理学、化学、生物学等成体系的科学，也没有产生西方那样的以概念、命题、推理等要素构成的哲学范式，甚至连一套严格

意义上的逻辑也没能发展出来，即使语言这个用于交流与思想的工具也不受繁复缜密的语法的严格约束。虽然古代汉语也有自己的逻辑，但是，这种逻辑的制约作用是相对松散的，它没有西方拼音文字中常见的冠词、动词时态、格位等变化，作为基本语素的单音词具有比西方语言更自由而丰富的多义性，其意义的指向与语境的关联更加密切，具有更多的不确定性，从而具有更多表达与阐释的自由。古代的诗词格律更典型地体现出这个特点，这些格律虽然达到了高度的程式化，却很难用语法规则加以明确的归纳。再比如，在武术中，各门各派都给各种招式起了诸如"白鹤亮翅"、"双峰贯耳"、"金鸡独立"这类非常好听的名称，它们都是一些"式"，学武的人只要熟练地掌握这些招式，就能见招拆招，把它们用于实战了。中国古代的绘画教学也不像西方人那样要分门别类地进行透视、构图、解剖、素描、色彩等专门训练，更不曾尝试寻找关于透视、光影或色彩的科学规律。在清代非常普及的用于绘画学习的范本《芥子园画谱》可以说是绘画中各种"式"的集大成之作，其中介绍的几乎全部都是程式化的"式"。书中对于"法"与"式"这两个字不加分别地都有使用，那些被称作"法"的树法、叶法、石法、皴法、山法、水云法等画法与被叫作"式"的布叶式、结顶式、垂梢式、横梢式、出梢式等画法其实并没有本质的区别，它们都是一些现成的程式，绘画的学习者只要熟练地掌握这些程式并创造性地加以变化，就能进入绘画的门径了，至于这些画法背后有

❶Paul Doyon. A Review of Higher Education Reform in Modern Japan. Higher Education, 2001(41):443.

什么抽象的关于点、线、面的形式法则，则罕见有人追问。

造园似乎是个例外，按照陈从周先生的说法，古代"造园有法而无式"，《园冶》一书"终未列式"。[1] 清代的李渔在《闲情偶寄》中谈到园林叠石的时候也说："至于累石成山之法，大半皆无成局，犹之以文作文，逐段滋生者耳。"[2] 可是，在讲到窗栏、联匾等建筑构件的时候还是列出了诸多程式化的样板，如窗栏的纵横格、欹斜格、屈曲体等样式。深受中国造园艺术影响的日本古代造园专著《作庭记》中也用了大量篇幅对各种叠石理水的式样进行归纳描述。比如，《作庭记》中的"岛姿诸样"："其诸样为山岛、野岛、杜岛、矶岛、云形、霞形、洲滨形、片流、干潟、松皮等。"谈到"落泷诸式"时，则列举了"向落、片落、传落、离落、棱落、布落、丝落、重落、左右落、横落"等式样。[3] 而在对于"法"的探索上，中国人与西方人比起来远不是那么执着，把园林的形式还原到极简的几何形状对于中国古代的造园家来说简直是无法想象的，至于设想中国古代的造园家像西方构成主义艺术家那样把冷静的逻辑分析用于艺术创作也是缺少文化传统上的依据的。

西方人并非不讲究"式"，他们在艺术领域确立了让人眼花缭乱的风格与流派，这些风格流派也通过一些"样式（manner）"得以体现。以建筑为例，古希腊的多立克、爱奥尼亚、柯林斯等柱式就是很有代表性的"式"。不过，

西方艺术更注重对"法"的研究，它涉及技术标准、美学规律、形式法则等许多方面。即使柱式这种遵循严格标准的"样式"也被叫做"order"，即秩序，

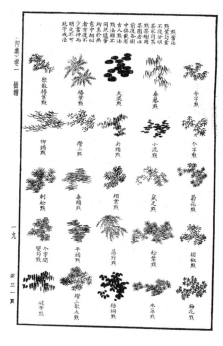

图5-8：《芥子园画谱》中的各种点叶法
图片来源：王安节.芥子园画谱.上海：上海书店，1982.31.

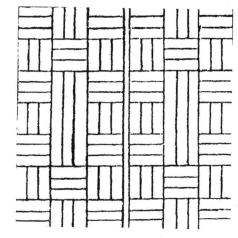

图5-9：《闲情偶寄》中的纵横格窗栏
图片来源：[清]李渔.闲情偶寄.西安：三秦出版社，1998.63.

❶陈从周.说园.陈子善编.陈从周散文.广州：花城出版社，1999.7.

❷[清]李渔.闲情偶寄.西安：三秦出版社，1998.93.

❸张十庆.《作庭记》译注与研究.天津：天津大学出版社，2004.83～92.

图5-10: 拙政园中的叠石

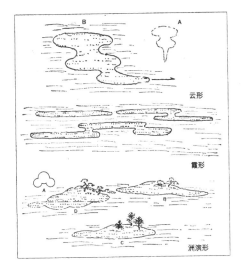

图5-11:《作庭记》中的"岛姿诸样"
图片来源：张十庆.《作庭记》译注与研究.天津：天津大学出版社，2004.84.

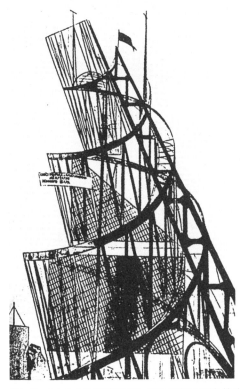

图5-12: 构成主义艺术家塔特林的《第三国际纪念碑》模型
图片来源：王受之.世界现代建筑史.北京：中国建筑工业出版社，1999.161.

它强调的是柱式上各部件之间的关系，特别是确立这些关系的内在法则，而不是作为最终结果的外在样式。西方的景观设计中，虽然有文艺复兴、巴洛克、英国自然风景园林等风格，但是，从根本上说，这些风格都被认为是对景观秩序的某种特定整顿方式。它包括通过感知与体验寻找场地既有的秩序，通过平面构图、植物修剪、地面铺装等具体设计手段整理和赋予场地新的秩序。

再以亚历山大提出的253种建筑模式语言（pattern language）为例，尽管模式语言被亚历山大自己称作"基本设计图汇编（base map）"，但它与一般的设计手册不同。模式语言来自于成功的建筑原型，是对历史上原有模式的继承，可它不是对旧有模式的简单总结，而是考虑到了环境与人、空间实体与社会的关联，从而把空间形式建立在对社会行为模式的研究之上。设计师可以针对特定项目面临的具体问题，通过选择与组合不同层次的模式，组合成新的形式。可见，尽管模式语言的表现形式是一些相对稳定的"式"，但它特别强调的是以"法"为依据。

就技术层面来说，"法"以各类规

范、标准和设计导则等形式体现；从美学的角度来看，"法"既可以是"多样统一"之类的一般原则，也可能是黄金分割、斐波那契数列之类的参数；西方人总结出来的形式法则更是把丰富多彩的形式还原到不能再简约下去的点、线、面，并把物理学中的力学原理借用到视觉心理学中，研究在视觉中这些元素之间的张力关系。这些"法"有一个共同的特征，那就是，它们都不提供现成的设计模式。表面上看，"法"是一些法则，但在其深层作为支撑的则是更具有普遍性的规律，这些规律大多不是依靠感性就能够认识的，它们需要高度理性的分析和研究，甚至需要

图5-13：西方建筑中的柱式

坐位和花园

Seat and garden

图5-14：亚历山大的建筑模式语言中的模式114：外部空间的层次
图片来源：［美］亚历山大等.建筑模式语言.王昕度，周序鸿译.北京：知识产权出版社，2001.1171.

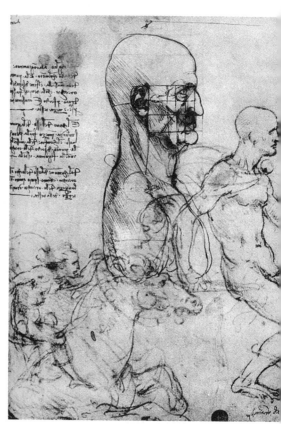

图5-15：黄金分割在绘画中的应用：达·芬奇的《老者头像》
图片来源：［美］罗伯特·贝弗利·黑尔.向大师学绘画·素描基础.朱岩译.北京：中国青年出版社，1998.89.

科学知识与科学手段作为支持。不难理解，假如没有色彩学研究的成果，印象主义是不可能产生的。同样，假如没有以包豪斯为代表的现代主义设计先驱对抽象形式语言基本规律的探索，没有对景观元素的还原以及对景观形式的理性分析，现代景观设计也不可能呈现出其独特的抽象乃至极简的风格。

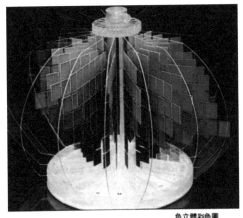

图5-17：色彩学研究中，所有颜色都可以在色立体中定位
图片来源：http://www.hla.hlc.edu.tw/art/color/%E8%89%B2%E7%AB%8B%E9%AB%94.jpg

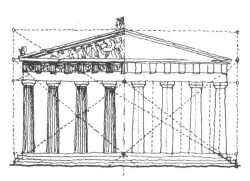

图5-16：黄金分割在建筑设计中的应用
图片来源：彭一刚.建筑空间组合论.第三版.北京：中国建筑工业出版社，2008.183.

图5-18：印象派画家莫奈的绘画作品

第三节 景观元素的分析

　　分析就是把一个事物分解为一些更小的部分并找出各部分之间的关系。原子论、还原论乃至现代科学都是建立在分析方法之上的。科学研究中对事物的分析基于工具理性并尽可能地排斥价值理性，这种方法在现代景观设计中也是很常用的，景观的形式元素和功能元素在分析过程中都是最基本的分析对象。

　　对形式的分析是一种形而上学的方法，它把主体与客体相分离，相对立，客体被对象化，也就是客体仅仅被作为主体分析和研究对象。这时候，为了做到最大限度的客观，主体的体验要被尽可能地排除，就像科学活动中所发生的那样。在景观设计中，形式分析与生成就是一种提炼，一种对形式关系的抽象。这个过程进行得越彻底，对于质料、情节、意义等因素的剥离也就越干净。当形式元素最后清晰地呈现为基本的几何形状时，就会得到一种纯净的形式。设计师根据形式生成的规则对几何形式进行抽象、简化、关联、综合等操作，空间被图形化、纯净化。

由于这些图形易于为计算机识别与转换，计算机就被一些当代设计师引入设计过程，计算机从早期的渲染和表现工具变为了试图摆脱认为控制的输出工具。当代设计中甚至产生了一种完全用计算机进行的形式生成方法，如纽约哥伦比亚大学无纸设计工作室的无纸化设计和意大利建筑师切莱斯蒂诺·索杜（Celestino Soddu）的建筑生成设计法（generative approach），至少在形式生成这个环节，他们几乎把设计完全托付给机器，人的因素基本上被清除出设计过程。

正如海德格尔所指出的，西方形而上学的历史是一部遗忘和遮蔽存在的历史，用形而上学的立场去理解艺术，就会抹煞体验对于理解艺术的重要作用，即，"假定形而上学关于艺术的概念获得了艺术的本质，那么，我们就绝不能根据被看作自为的美来理解艺术，同样也不能从体验出发来理解艺术。"[1] 海德格尔把形而上学的思维称作"表象性思维"或"计算思维"，它把一切都对象化，这种表

象的、逻辑的、理性的、计算的思维不"思"，科学不"思"，因为，"思"不是对象性的，"思"是诗。"计算思维"对于可量度之物是适用的，但是对于景观设计这类从根本上无可量度的东西来说，它在很多方面是无能为力的。当景观被作为"计算思维"的对象时，它就不再是被人体验的场所，即使人的身体此时此刻处于景观之中，但那个体验着的人却被置于景观之外，他并没有真正地进入景观。此时，景观自成系统，人在系统之外，"物我彻底分离"。[2]

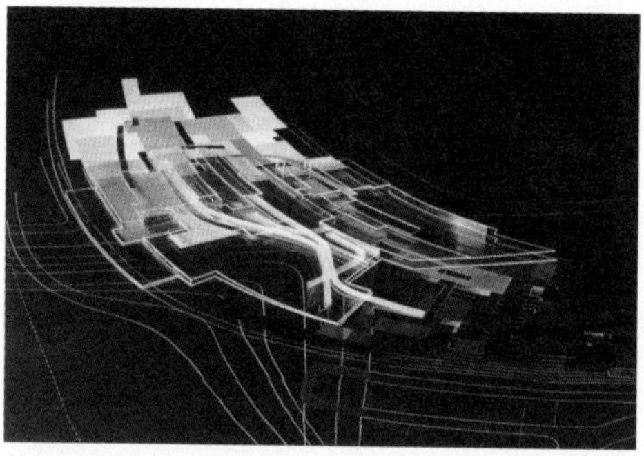

从程序上看，景观元素分析的方法是一种先分析再归纳的方法，其一般步骤是，先把整体的景观分解成基本元素分别加以分析和设计，再把它们整合到一起，以得到一个完整的设计方案。常见的图层分析技术，如早期的手工地图叠加到麦克哈格的"千层饼"模式以及当代的地理信息系统（GIS）应用，都是这种分析方法的具体表现方式。

把整体的景观分解为元素，就需要对这些元素按照某种标准进行分类。分类的方法有许多，其中，影响比较广泛的是凯文·林奇的方法。林奇认为，道路（path）、边界（edge）、区域（district）、节点（node）、标志物（landmark）是构成城市意象的五大元素，[3] 他的这种分类方式不仅适用于城市设计，也被用于景观设计领域。比起"千层饼"模式等方法，林奇的城市意象分析法还算不上纯粹分析的方法，因为他强调对空间的实地感知，而对定量和统计的方法持否定和怀疑的态度。

凯瑟琳·迪伊（Dee，C.）的景观分

[1] [德]马丁·海德格尔.艺术作品的本源.孙周兴选编.海德格尔选集.上海：三联书店,1996.302.

[2] 俞孔坚.景观的含义.俞孔坚、李迪华.景观设计：专业学科与教育.北京：中国建筑工业出版社，2003.12.

[3] [美]凯文·林奇.城市意象.方益萍，何晓军译.北京：华夏出版社，2001.

图5-19：扎哈-哈迪德用计算机生成的伊斯兰教艺术博物馆设计

图片来源：《大师系列》丛书编辑部.大师草图.北京：中国电力出版社，2005.174.

析其实就是借鉴的林奇的方法。迪伊分别分析空间、路径、边界、焦点、节点等景观元素，把空间、路径、边界、节点、中心等元素两两相加整合，或者按照地形、植物、构筑物、水等物质性元素分类再两两相加进行整合。❶ 此外，她还把景观细部作为一个景观元素类别单独进行了探讨。景观细部由于尺度更近人，更容易被视觉、触觉、嗅觉等感官所体验，因而，它是更容易唤起主观感受和激发设计灵感的元素。

还有一种更加"还原主义"、更加纯粹的基于分析的景观形式设计方法，即把景观分成点、线、面、体等基本的几何元素，再引进数量、位置、方向、方位、尺寸、间隔、密度、颜色、时间、光线、视觉力等变量，对这些元素进行改变或组织，以获得新的景观形式。

在功能上，使用元素分析的景观设计方法一般能够有针对性地获得相应的解决方案，但是，单一目标与单向度思维往往造成各功能之间关联的割裂乃至整体上功能的失败。

在形式上，这种设计方法一般会获得较强的形式感，但严密的理性分析甚至由高性能计算机进行的无纸化图形运算却往往并不能保证整体形式的完美。文艺复兴时期德国画家丢勒曾试图用几何学方法找到理想人体中存在的数理关系，可惜无果而终。很多人并不死心，最近网上还曾出现一篇文章，题目是《美女脸部黄金比出炉，全球最美脸蛋被找到》，经过计算，美国女星杰西卡·阿尔芭被认为拥有世界上最美的脸，而很多人们喜欢的大牌

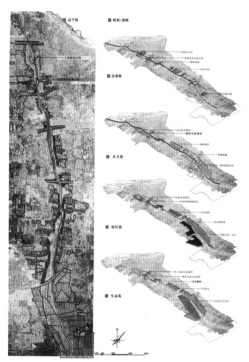

图5-20："千层饼"分析模式
图片来源：北京大学景观设计学研究院主编.景观设计获奖作品集——第二届全国高校景观设计毕业作品展.北京：中国建筑工业出版社，2007.12.

图5-21：山东威海的中国甲午战争博物馆把建筑和雕塑语言相融合，成为当地滨海景观中一个著名的纪念性标志物

图5-22：秦皇植物园的景观细部元素唤起了游人的触觉

❶ [英] 凯瑟琳·迪伊.景观建筑形式与纹理.周剑云，唐孝祥，侯雅娟译.杭州：浙江科学技术出版社，2004.

图5-23：景观细部元素不仅能刺激感官，还可以触动人的心灵。中央美术学院迁到新址后，在大门口镶嵌着老校园的门牌，让人体验到一种厚重的历史感

图5-24：秦皇植物园中，抽象的点、线、面等基本的几何元素是构成景观的母题

图5-25：天津桥园的一系列庭院采用了从景观元素寻找设计灵感和形式母题的手法——"取样"。图为其庭院之三，从收割粮食的农业景观提取抽象的线条形式，再采用钢板、砾石、植物等造景元素加以转换，借此表达设计师的理念——景观设计学是"生存的艺术"

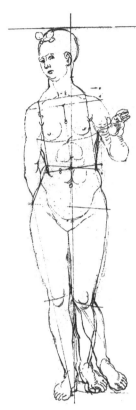

图5-26：丢勒试图用几何学方法找到理想人体中存在的数理关系
图片来源：［美］罗伯特·贝弗利·黑尔.向大师学绘画·素描基础.朱岩译.北京：中国青年出版社，1998.87.

图5-27：经过计算，美国女星杰西卡·阿尔芭被认为拥有世界上最美的脸
图片来源：http://news.sohu.com/20091221/n269084468.shtml

明星却被认为脸部不符合黄金比。这遭到很多网友的奚落，人们问道："屁股有黄金比例吗？""美是算出来的吗？"这就应了路易斯·康的观点，设计起始并结束于不可度量之物，在这中间，必要的分析可以介入，但不论是功能的好坏还是形式的美丑，最终都要诉诸价值判断，都要由直观来决断。

第四节 景观元素的直观

直观是先在的；直观是直接的；直观是整体的；直观是本质的。

根据格式塔心理学的理论，人们只要短短的一瞥就能理解眼前的景观，并且是从整体上理解。这种理解与经过理性分析后的理解是不同的，它是一种"前理解"，是"本质的直观"。而真实的体验在经过理性的分析后反而有可能减弱、消失，也可能遭到理性的质疑而丧失原初的真切。当医生用解剖学知识审视面前美丽的人体时，作为整体的人体的感性魅力一瞬间就会荡然无存。在这一刻，理性是感性的敌人。正如斯本所指出的："那些仅仅死守着某种狭隘的知识、经验、价值观和视角的人只能阅读或讲述故事的鳞爪，景观在他们那里是支离破碎的。对于一个生态学家来说，景观只是生物的栖息地，既不是人类的构筑物，也不是隐喻。"❶

"前理解"是理解的起点，是在主体与客体区分之前的、尚没有自觉主体意识时的理解。它作为一种先见之明，处于理性的理解之前，是历史的人、文化的人理解自身与世界关系的起点，即使这种先见是一种偏见，它也是理解的基础。

所以，伽达默尔（Hans-Georg Gadamer，1900-2002）极力主张给予"偏见"合法地位。洛克（John Locke，1632-1704）提出"白板"理论，他认为，人心如同一块白板，理性与知识都是由客观的经验产生的，这种理论无异于主张人应该清除一切记忆、知识、主观态度，尽可能客观地理解。然而，假如离开具有历史属性的前理解，就不可能走向理解，正如完全失去对过去的记忆的人就会相应地丧失对眼前世界的理解能力。所以，纯粹"理性的"理解是不存在的，理解不是开始于一张白纸，而是始于一张已经被"玷污"的纸。

❶ Ann Whiston Spirn. The Language of Landscape. Yale University Press.2000.23.

图5-28：对于一个生态学家来说，景观只是生物的栖息地

直观还是真实的。当然，这不是相对于客观对象而言，而是就每一个个体的主观观照本身来说的。在主观感知与体验的世界里，连幻觉都是真实发生的，有时候，它甚至比外在的感知对象让人感觉更真实，只是，它发生在心理层面，无法被别人验证。有人说，景观是用脚看的。在景观中的游走过程，就是一个直观和体验的过程。进入眼睛的光线和色彩，皮肤感受的温度和气流，足底交替变换的柔软与坚硬，所有刺激着感官的体验以及它们营

造的整体氛围，没有机会被掩饰，也不需要逻辑地分析，它们就那样直接地、真实地发生了。景观设计就是要为人营造这样美好的体验场所，并且，那些信赖直观与体验的设计师相信，景观的设计与营造也应该开始于这样的直观和体验。

路易斯·康一再追问的一个问题是某物要成为什么或会成为什么："你对砖说：'你想要什么，砖？'砖对你说：'我爱拱券。'""空间愿意成为什么样子，由这类问题可向建筑师揭示某些不熟悉的事物。美感也即由此形成。" ❶在设计尚未开始的时候，在知识进入思维之前，物我是一体的，他的第一感觉在听从材料与场地的召唤。设计的起点不是别的，正是这个感觉。路易斯·康说

图5-29：景观是用脚看的

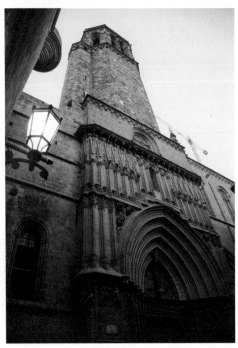

图5-30：砖对你说："我爱拱券。"

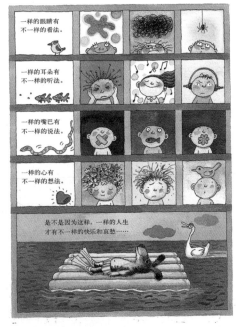

图5-31：一样的眼睛有不一样的看法。
一样的耳朵有不一样的听法。
一样的嘴巴有不一样的说法。
一样的心有不一样的想法。
图片来源：幾米.布瓜的世界.沈阳：辽宁教育出版社，2002.50.

❶ [美]路易·康.言论摘录.李大夏.路易·康.北京：中国建筑工业出版社，1993.145~146.

道："它是建筑的起点，不是按照什么手册干出来的。它不是按实用的条目出发，而是从一种必得有一个世界中的世界的感觉出发的。"❶ 在某一瞬间，他领悟到了什么，他发出惊叹，他产生激情，设计的起点和归宿找到了，而理智此时竟然还无法为这个起点找到合适的名称，更无法清晰地对它加以描述。

直观的经验论的方法也有其问题。"一样的眼睛有不一样的看法。一样的耳朵有不一样的听法。一样的嘴巴有不一样的说法。一样的心有不一样的想法。"❷ 每个人的感受必然不同，尽管它们有时候很接近。这种主观性一方面确保了景观体验的丰富性，另一方面又可能造成人们的莫衷一是，在景观设计、体验、评价、使用方式等方面产生争议。对于设计师来说，他对于某个场地越是熟视无睹，就越容易缺少感受力，也就越有可能导致设计的平庸。

第五节 景观元素与整体的景观

"艺术家是具有整体意识的人。"❸ 加拿大学者马歇尔·麦克卢汉（Marshall McLuhan，1911—1980）就是这样给艺术家下定义的。可见，整体意识是艺术家最重要的素质。

德国美学家莱辛在其著名的美学论著《拉奥孔》中早就指出，对各部分的描绘不能显出诗的整体，因为，历时性的语言与共时性的视觉呈现是矛盾的。尽管通过语言把共时性的视觉感知转化为历时性的语言陈述是可能的，把整体分解为部分进行描述也是可能的，但是，如果试图再把这些被分解的部分还原成原来的整体却非常困难，甚至是不可能的。况且，即使诗人能够把物象描写得清清楚楚，如果这种描述不能唤起生动的、整体的意象，不能让人忘掉符号或语言本身，那么，这个诗人也是失败的。❹

19世纪，在语言学界影响很大的欧洲新语法学派遵循实证主义和"原子主义"研究语言学，他们强调从个人的言语入手，从小到大，从具体到一般，语言学研究走向了材料堆砌和支离破碎。20世纪初，格式塔心理学出现并影响到语言学研究。格式塔思想更强调系统性和整体结构，这种思想影响到了索绪尔的语言学研究。索绪尔认为，研究语言应该从整体的系统出发，而不应该从构成系统的要素开始。他指出："仿佛从各项要素着手，把它们加在一起就可以构成系统。实则与此相反，我们必须从有连带关系的整体出发，把它加以分析，得出它所包含的要素。"❺

退一步讲，即使还原论的方法在艺术中能够成立，即使通过各部分的组合能够有效地重建整体的系统，从人的感知机制来看，对于部分的感知及其累积也无法替代对整体的感知。这就好比

❶ ［美］路易·康.静谧与光明——路易 康于瑞士苏黎世理工学院的讲演（1969年2月12日）.李大夏，路易·康.北京：中国建筑工业出版社，1993.119.

❷ 幾米.布瓜的世界.沈阳：辽宁教育出版社，2002.50.

❸［加］马歇尔·麦克卢汉.理解媒介——论人的延伸.何道宽译.北京：商务印书馆，2000.102.

❹ ［德］莱辛.拉奥孔.朱光潜译.北京：人民文学出版社，1979.90～97.

❺ ［瑞士］费尔迪南·德·索绪尔.普通语言学教程.高名凯译.北京：商务印书馆，1980.159

在电脑显示器上的图像是一些像素的集合，每一个像素点都由特定的参数来确定其明度、彩度与色相，使用photoshop等绘图软件虽然可以放大显示这些像素并很容易地调整其参数，但是在视觉中，分别感知这些像素绝不等同于对整体图像的感知。类似地，美国照相写实主义画家查克·克洛斯后期的绘画改变了他原来那种对摄影作品进行精确复制的做法，把画面分解为许多小方格，每个方格中用各种颜色填充，形成了类似于电脑上像素放大的效果，这种效果显然就与其早期绘画的整体效果有很大差别。在欣赏这样的作品时，分别观看每一个方格是无法把握画中人物的整体形象的。用系统论的话说，整体大于各部分之和。

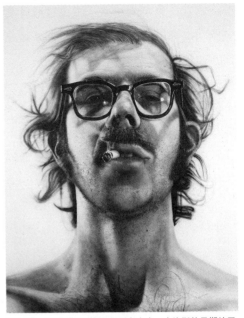

图5-32：美国照相写实主义画家查克·克洛斯的早期绘画
图片来源：http://aestheticassembly.com/wp-content/uploads/2010/10/chuck_close.jpg

所以，景观元素一旦改变，景观的整体也会改变。从元素的层面看，景观设计就是改变景观元素的构成及其形式，获得新的秩序，赋予它们新的意义，最终得到新的景观。尽管整体的景观由景观元素构成，孤立的景观元素却并不成为景观，也不会产生景观的意义。只有当它们经过设计师的设计活动被组织在一起，并凝结了设计师的思想与情感之后，意义才得以产生，景观的空间才成为真正属于人的场所，才获得场所精神。

图5-33：整体大于各部分之和。美国照相写实主义画家查克·克洛斯的绘画局部
图片来源：http://blogcache.artron.net/201011/25/39706_129068599891ru.jpg

人生存于景观。通过对景观的整体感知，人认识自身，确立自己的身份与归属；通过对景观语言的使用，人定义景观，定义人与景观的关系，最终定义自己；通过对景观的设计，人追寻自己的梦想，追寻曾经失去的伊甸园。

图5-34：通过景观的设计，人们追寻曾经失去的伊甸园